Tanja Eggert
Anna Seitz

Auer Lernkontrollen Mathematik 1./2. Klasse

Auer Verlag

Die Autorinnen:

Tanja Eggert – Grundschullehrerin
Anna Seitz – Grundschullehrerin, Ausbilderin für Mathematik am Studienseminar GHRF Friedberg

Gedruckt auf umweltbewusst gefertigtem, chlorfrei gebleichtem
und alterungsbeständigem Papier.

2. Auflage 2014
Nach den seit 2006 amtlich gültigen Regelungen der Rechtschreibung

Illustrationen: Corina Beurenmeister
Satz: Fotosatz H. Buck, Kumhausen
Druck und Bindung: Franz X. Stückle Druck und Verlag, Ettenheim
ISBN 978-3-403-**06354**-4

www.auer-verlag.de

Inhaltsverzeichnis

Vorwort 5

Lernkontrollen Klasse 1 6

1. Basisqualifikationen

1 Visuelle Wahrnehmung 6
2 Visuelle Wahrnehmung 7
3 Zählen bis 10 8
4 Zählen bis 20 9
5 Mengenverständnis 10
6 Mengenverständnis 11

2. Zahlen und Operationen

Zahlvorstellung
7 Mengenerfassung im Zahlenraum bis 10 12
8 Zahlenstrahl im Zahlenraum bis 10 13
9 Zehnerfeld 14
10 Mengenerfassung im Zahlenraum bis 20 15
11 Zahlenstrahl im Zahlenraum bis 20 16
12 Zwanzigerfeld 17

Operationen
13 Zahlzerlegung im Zahlenraum bis 10 18
14 Addition im Zahlenraum bis 10 20
15 Subtraktion im Zahlenraum bis 10 22
16 Addition im Zahlenraum bis 20 24
17 Subtraktion im Zahlenraum bis 20 26

3. Größen und Messen

Größen
18 Münzen und Scheine 28
19 Zerlegung von Geldbeträgen im Zahlenraum bis 20 29
20 Tagesablauf 30
21 Uhrzeiten (volle Stunden) 31

Sachrechnen
22 Anwendung von Addition und Subtraktion im Zahlenraum bis 20 32

4. Daten, Häufigkeit und Wahrscheinlichkeit

23 Kombinatorik 33

5. Raum und Form, Muster und Struktur

24 Lagebeziehungen 34
25 Muster 35

Lernkontrollen Klasse 2 36

1. Zahlen und Operationen

Zahlvorstellung
26 Mengenerfassung im Zahlenraum bis 100 36
27 Zahlenstrahl im Zahlenraum bis 100 37
28 Hunderterfeld 38

Operationen
29 Zahlzerlegung im Zahlenraum bis 100 39
30 Addition im Zahlenraum bis 100 41
31 Subtraktion im Zahlenraum bis 100 42
32 Multiplikatives Verständnis 43
33 Aufgaben des kleinen Einmaleins 44
34 Verständnis der Division 45
35 Aufgaben des kleinen Einsdurcheins 46
36 Aufgabenfamilien (Multiplikation/Division) 47

2. Größen und Messen

Größen
37 Zerlegung von Geldbeträgen im Zahlenraum bis 100 48
38 Rechnen mit Geld im Zahlenraum bis 20 50
39 Rechnen mit Geld im Zahlenraum bis 100 51
40 Längen messen und zeichnen 52
41 Rechnen mit Längen im Zahlenraum bis 100 53
42 Uhrzeiten (halbe Stunden, viertel Stunden) 54
43 Berechnen von Zeitspannen und Bestimmen von Zeitpunkten 55

Sachrechnen
44 Anwendung von Addition und Subtraktion im Zahlenraum bis 100 57
45 Anwendung von Multiplikation und Division im Zahlenraum bis 100 58
46 Anwendung der vier Grundrechenarten im Zahlenraum bis 100 59

3. Daten, Häufigkeit und Wahrscheinlichkeit

47 Tabellen und Schaubilder 60
48 Kombinatorik 62

4. Raum und Form

49 Symmetrie 63
50 Flächen 64
51 Körper 65

Lösungen 66

Vorwort

Den Lernstand der Schüler zu überprüfen, ist ein wesentlicher Bestandteil des täglichen Unterrichts. Immer wieder muss kontrolliert und dokumentiert werden, ob die Schülerinnen und Schüler die Lernziele erreicht haben und ob ihr Leistungsniveau den Anforderungen der Bildungsstandards entspricht.

Der vorliegende Band bietet hierfür passgenaues Material: zahlreiche fundierte Lernkontrollen zu allen wesentlichen Themen des Mathematikunterrichts der 1. und 2. Klasse. Die Lernkontrollen können als eben solche direkt eingesetzt werden, sind aber auch darüber hinaus vielfältig zu verwenden: So kann sich die Lehrkraft mithilfe der Arbeitsblätter einen Überblick über den Lernstand der Schülerinnen und Schüler verschaffen sowie gezielt individuellen Förder- bzw. Forderbedarf bestimmen. Ebenso können die Ausarbeitungen herangezogen werden, um Inhalte komprimiert zu wiederholen und anschließend im Unterricht darauf aufzubauen. Zudem können die Aufgaben der Arbeitsblätter im Rahmen eines kompetenzorientierten Mathematikunterrichts eingesetzt werden, da diese sowohl die in den Bildungsstandards aufgeführten inhaltsbezogenen als auch allgemeinmathematischen Kompetenzen erweitern und gleichzeitig Inhalte in den drei verschiedenen Anforderungsbereichen („Reproduzieren“, „Zusammenhänge herstellen“ sowie „Verallgemeinern und Reflektieren“) bearbeitet werden.

In den einzelnen Lernkontrollen werden alle Kernthemen der 1. und 2. Klasse abgedeckt:
1) Zahlen und Operationen
2) Größen und Messen
3) Daten, Häufigkeit und Wahrscheinlichkeit
4) Raum und Form (bzw. Raum und Form, Muster und Struktur)

In der 1. Klasse ist noch ein Themenbereich vorangeschaltet, der die Basisqualifikationen abprüft.

Die genauen Inhalte der Kernthemen ergeben sich aus den einzelnen Anforderungen der jeweiligen Klassenstufe. In der 2. Klasse werden die Inhalte der 1. Klasse wieder aufgegriffen und inhaltlich entsprechend erweitert.

Zu jedem Arbeitsblatt liegt ein Lösungsblatt vor – diese sind in einem gesonderten Lösungsteil aufgeführt (jeweils vier Lösungsblätter verkleinert auf einer Seite). So können die Ergebnisse schnell und bequem ermittelt werden, ob als Kontrolle durch die Lehrkraft oder auch als Selbstkontrolle durch die Schülerinnen und Schüler. In letzterem Fall müssen die verkleinerten Lösungsblätter einfach nur vergrößert kopiert werden.

Tanja Eggert und Anna Seitz

Name: ______________________

1 Zeichne nach.

2 Male alle Bäume  aus.

a

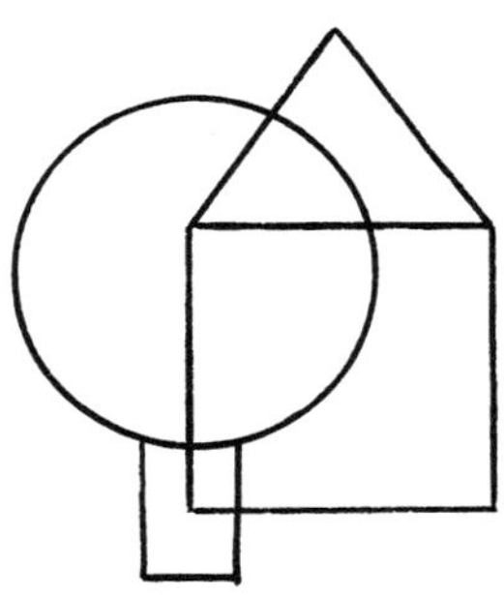

b

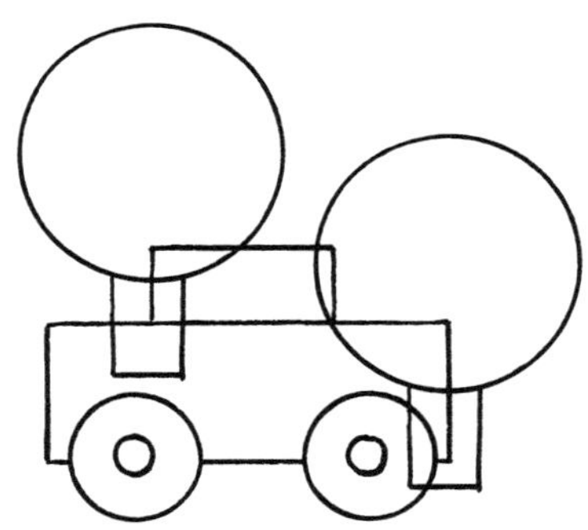

c

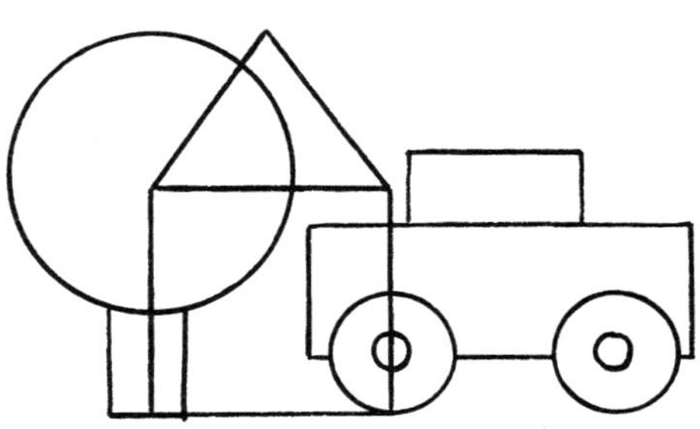

d

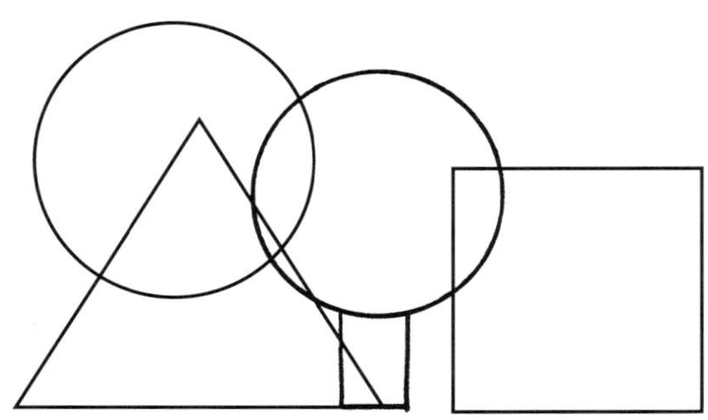

2 Visuelle Wahrnehmung

Name: ____________________

1 Male gleiche Dinge mit der gleichen Farbe an.

a 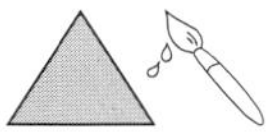

b 

2 Ergänze, was fehlt.

a

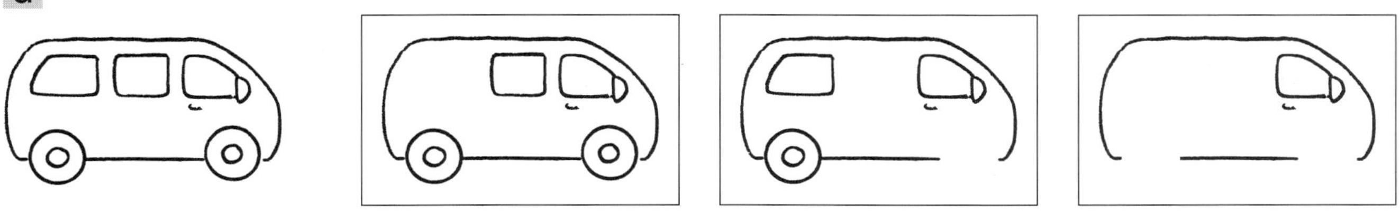

b

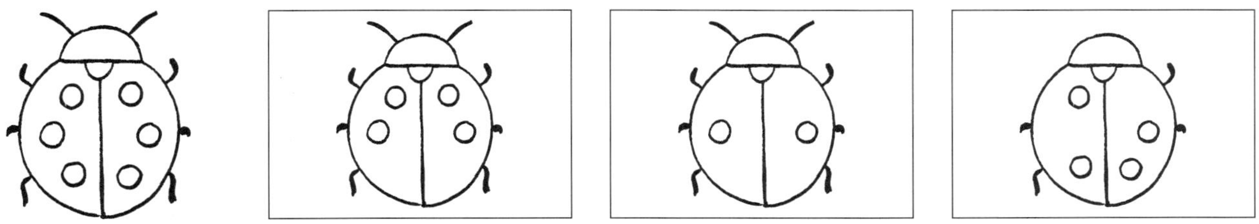

3 Zeichne die Figur im Gitternetz nach.

a

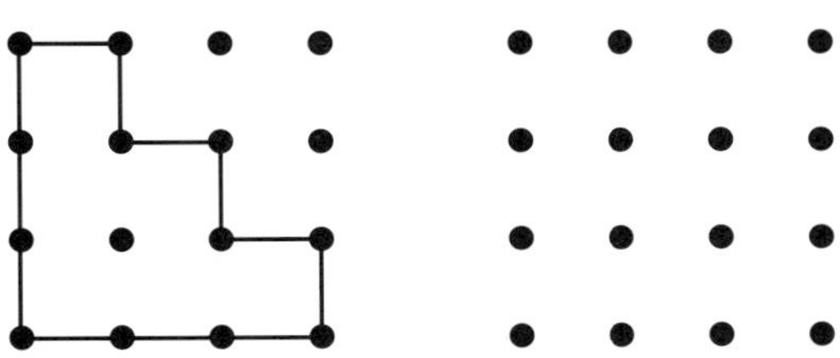

b

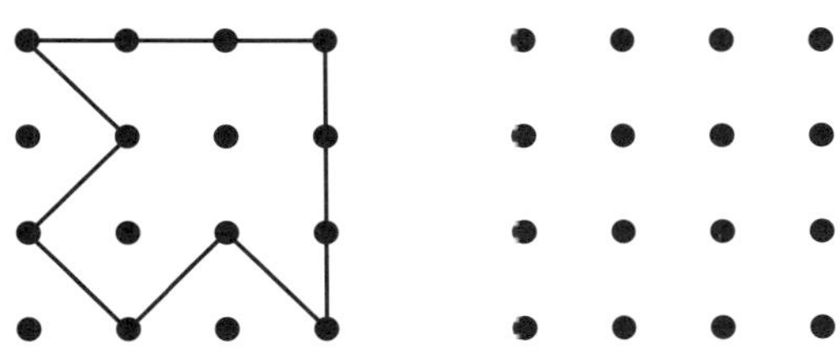

3 Zählen bis 10

Name: ____________________

1 Verbinde die Zahlen von 1 bis 10.

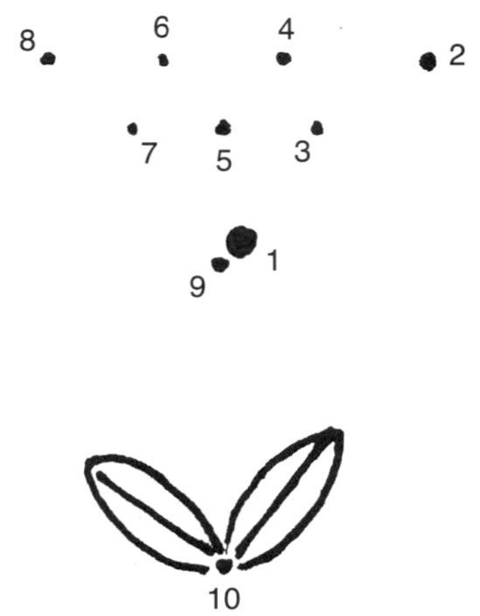

2 Verbinde die Zahlen von 10 bis 1.

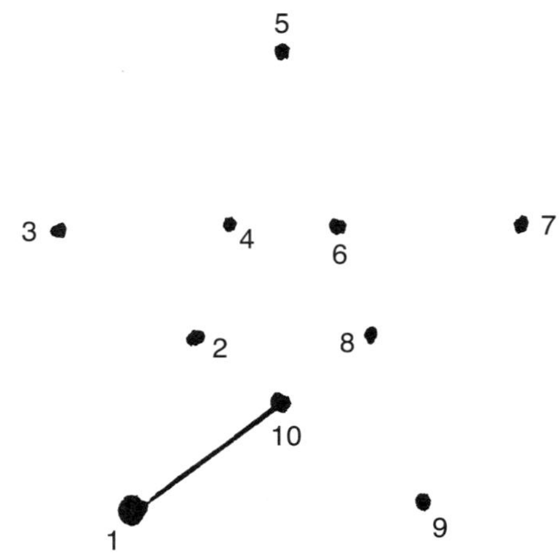

3 Welche Zahlen fehlen?

1			4		6				10

	2			5				9	

4 Welche Zahlen fehlen?

a

2, ____, ____, ____, 6

4, ____, ____, ____, 8

8, ____, ____, ____, 4

10, ____, ____, ____, 6

b

6, ____, ____, ____, 10

1, ____, ____, ____, 5

5, ____, ____, ____, 1

7, ____, ____, ____, 3

5 Vorgänger und Nachfolger: Fülle die Tabelle aus.

a

1	2	3
	4	
		8
8		
	5	

b

	1	
		9
5		
	3	
3		

Name: ____________________

1 Verbinde die Zahlen von 1 bis 20.

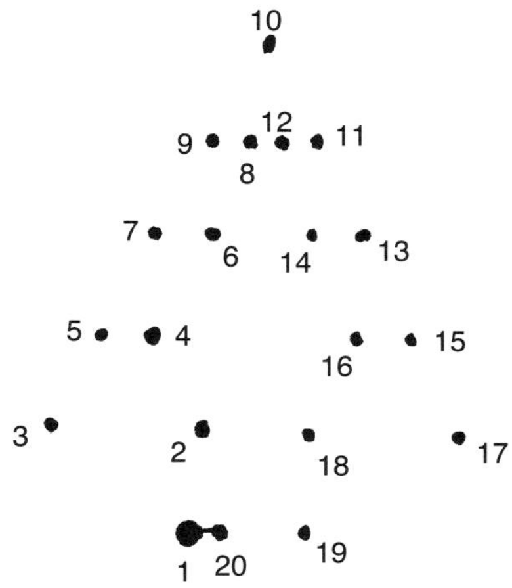

2 Verbinde die Zahlen von 20 bis 1.

3 Welche Zahlen fehlen?

1					6				

	12								20

4 Welche Zahlen fehlen?

a

13, ____, ____, ____, 17

8, ____, ____, ____, 12

15, ____, ____, ____, 11

10, ____, ____, ____, 6

b

20, ____, ____, ____, 16

14, ____, ____, ____, 18

11, ____, ____, ____, 7

10, ____, ____, ____, 14

5 Vorgänger und Nachfolger: Fülle die Tabelle aus.

a

10	11	12
	18	
14		
		20
	10	

b

	17	
		6
15		
	14	
0		

5 Mengenverständnis

Name: ____________________

1 Kreise ein.

a Kreise immer 2 Schmetterlinge ein.

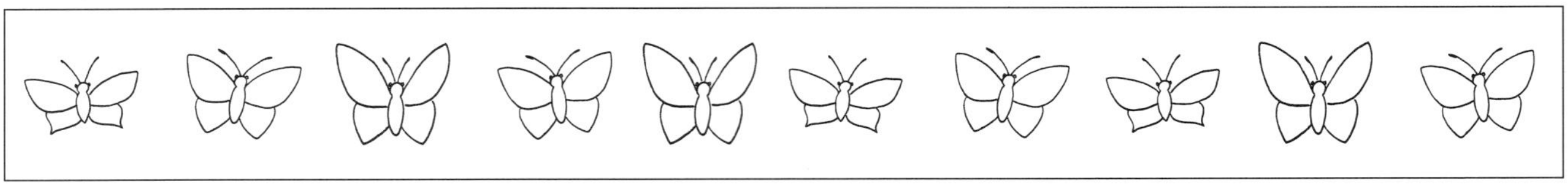

b Kreise immer 5 Autos ein.

c Kreise immer 6 Blumen ein.

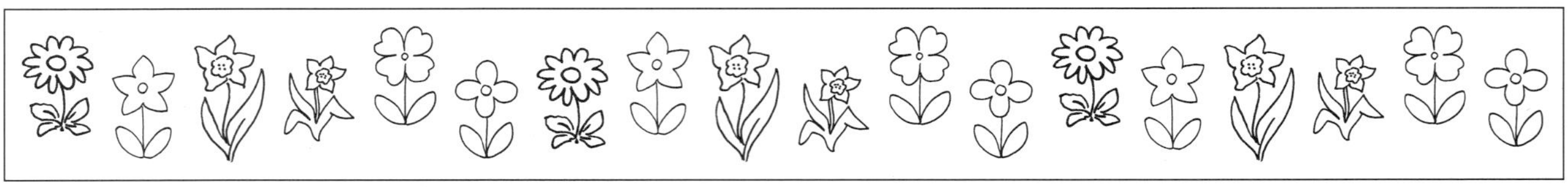

2 Male genauso viele Kreise.

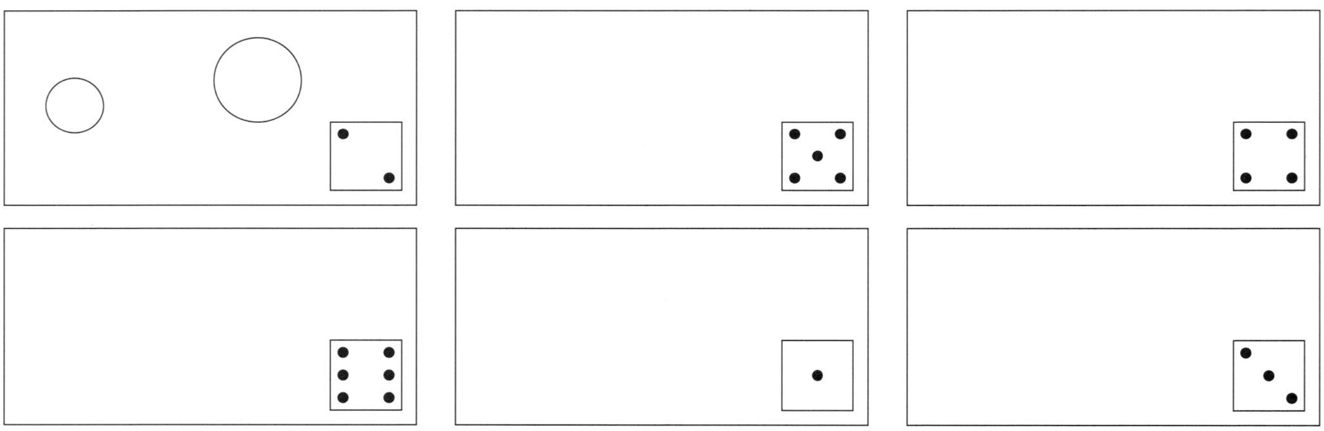

3 Wo siehst du mehr? Male das Kästchen an.

6 Mengenverständnis

Name: ______________________

1 Wie viele?

a

b

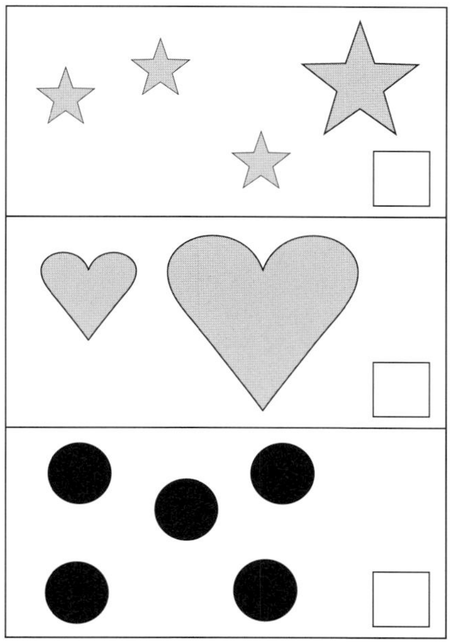

c

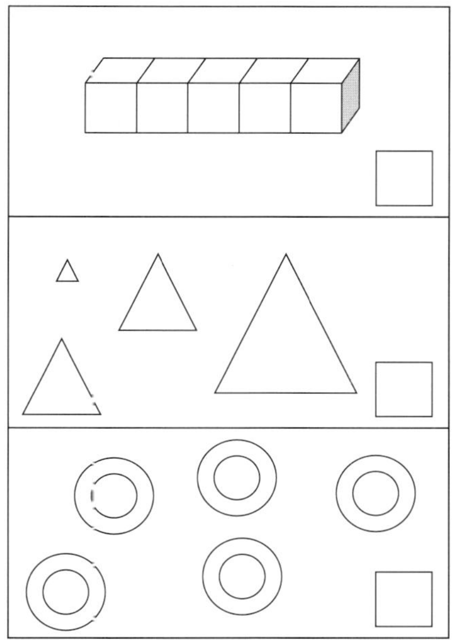

2 Male genauso viele Kreise.

3	5	2
1	0	4

3 Hier stimmt was nicht! Male dazu oder streiche durch.

a

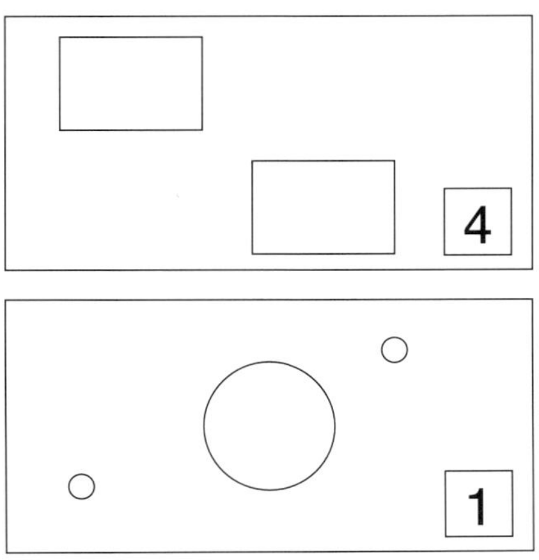

b

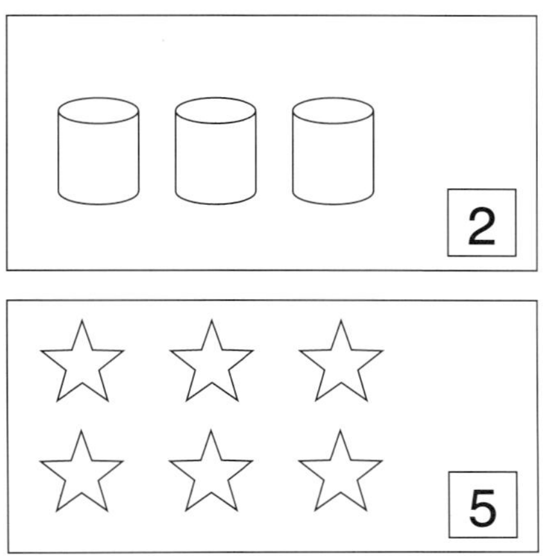

c

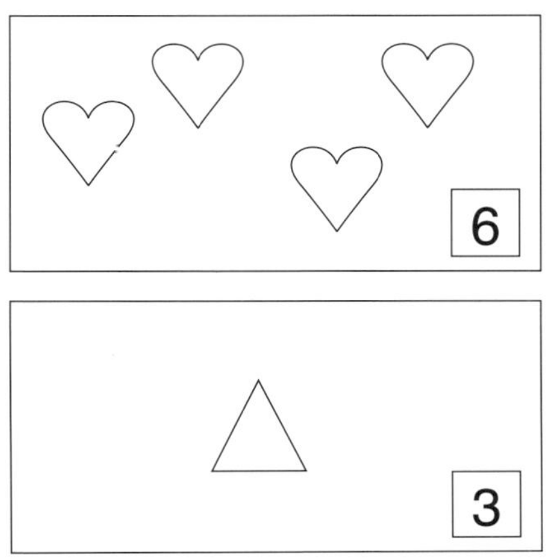

7 Mengenerfassung im Zahlenraum bis 10

Name: ____________________

1 Wie viele?

a

b

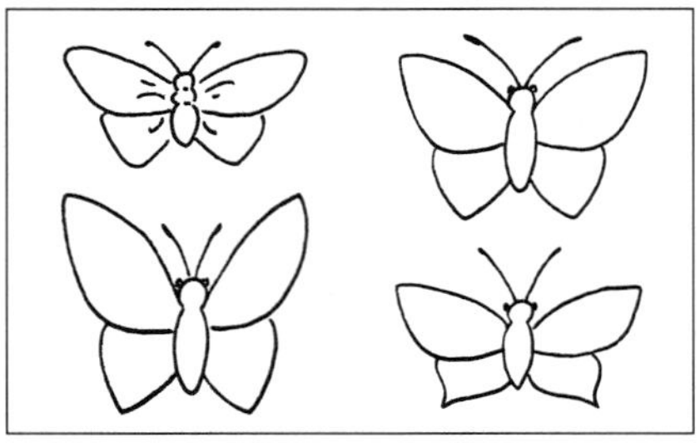

c

______ ______ ______

2 Kreise ein.

a

Immer 4

b

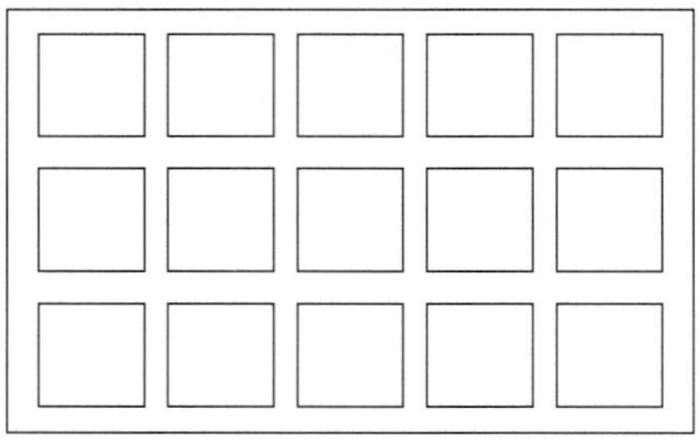

Immer 3

c

Immer 5

3 Zeichne.

a

3 ○

b

6 △

c

8 □

4 Wie viele?

a 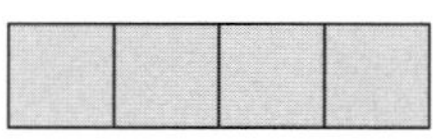 ______

b 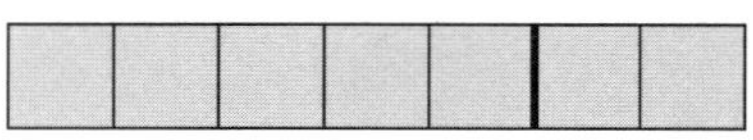 ______

c  ______

d 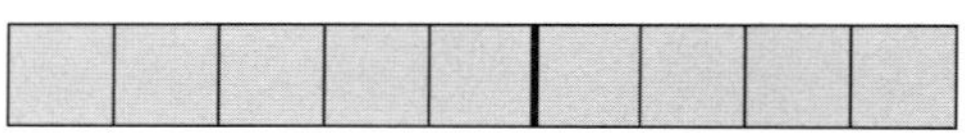 ______

8 Zahlenstrahl im Zahlenraum bis 10

Name: ______________________

1 Trage die fehlenden Zahlen ein.

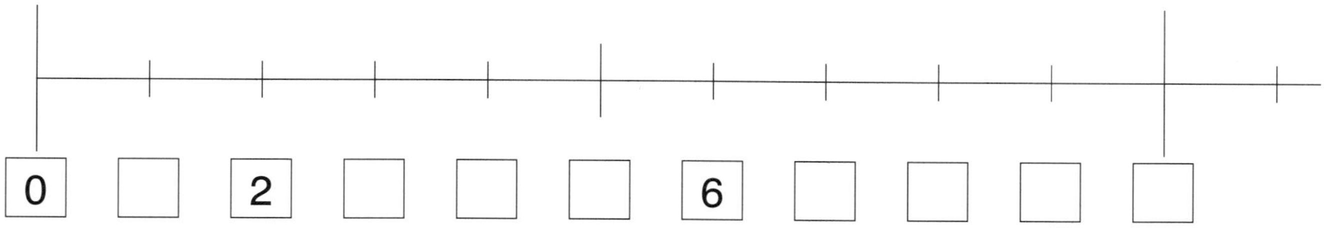

2 Verbinde.

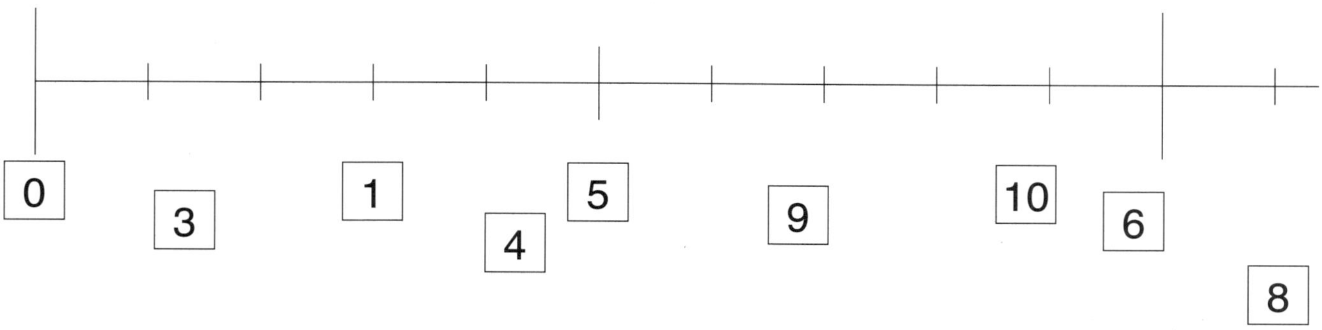

3 Wo ist die Zahl ungefähr?

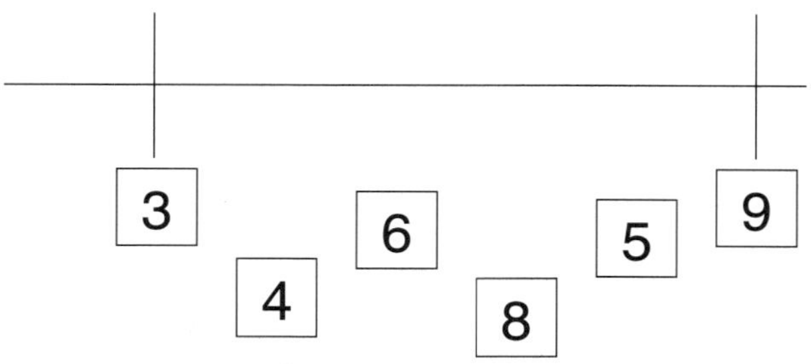

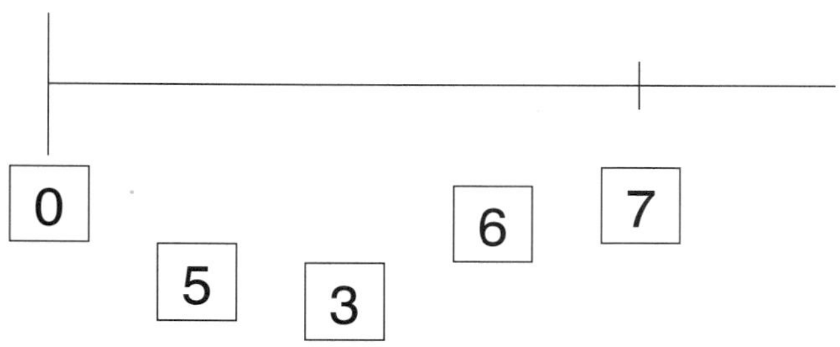

4 Welche Zahl passt?

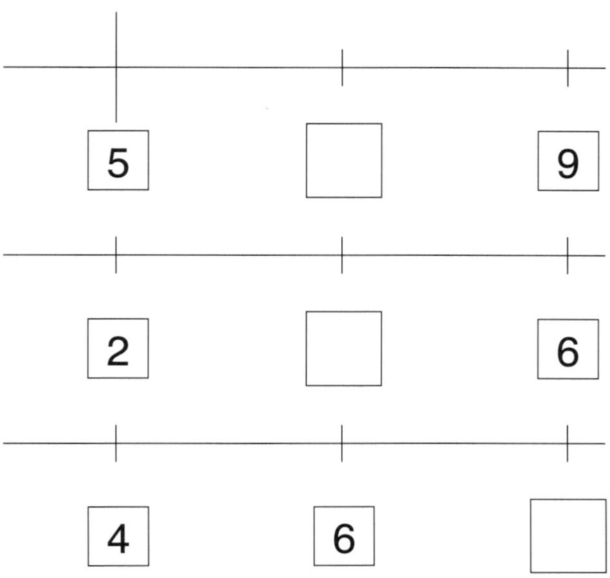

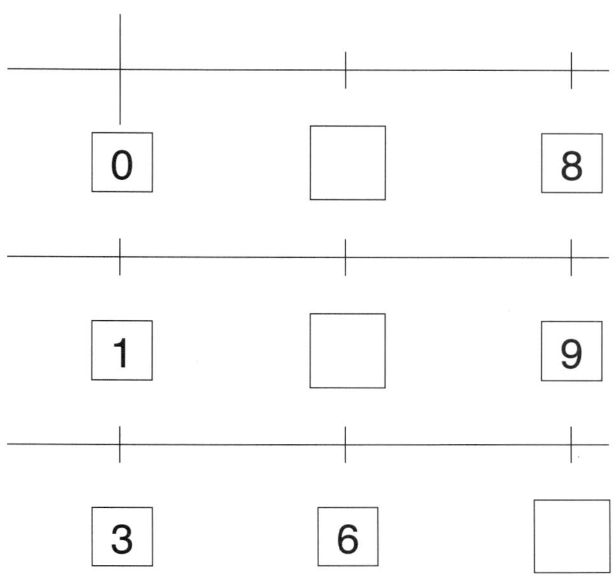

9 Zehnerfeld

Name: ____________________

1 Wie viele Kästchen sind angemalt?

a 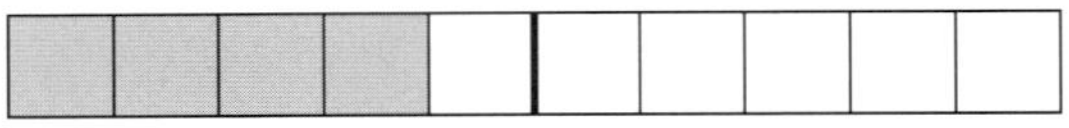 ______

b 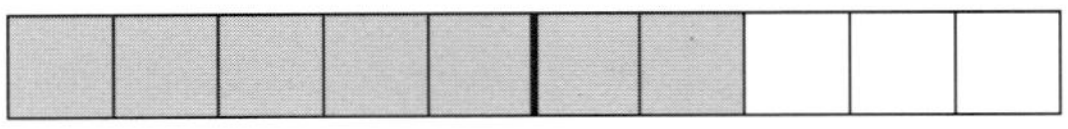 ______

c 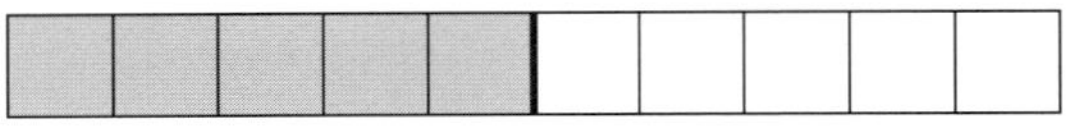 ______

d 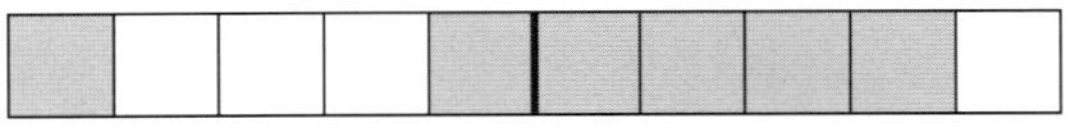 ______

e 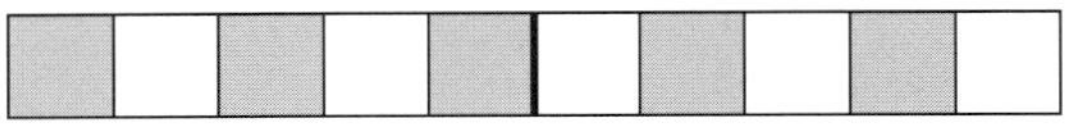 ______

2 Male die Kästchen an.

a 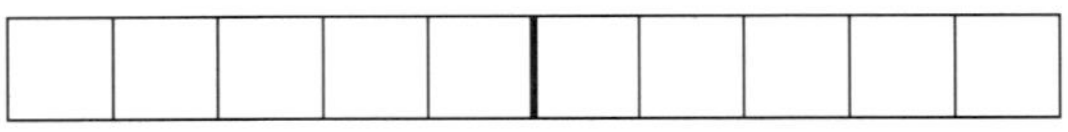 8

b 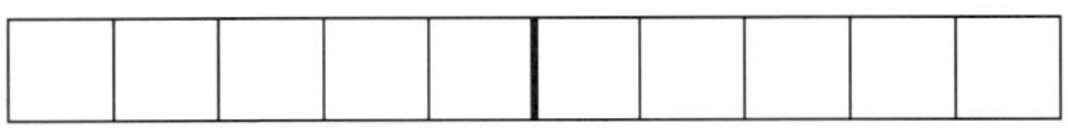 2

c 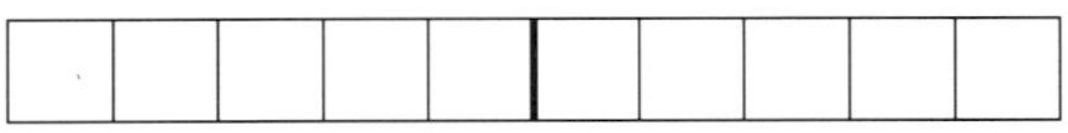 10

3 Male immer 6 Kästchen an.
Finde verschiedene Möglichkeiten.

a 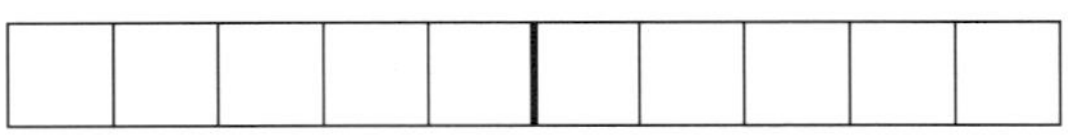

b 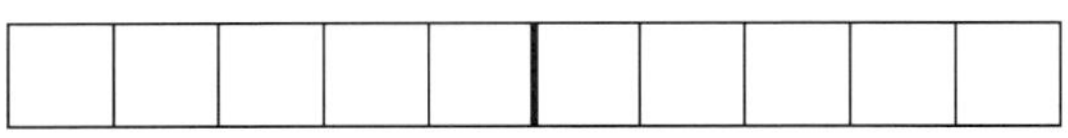

c 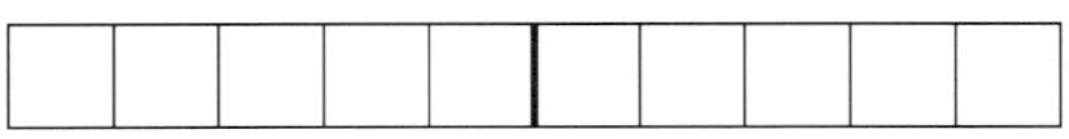

d 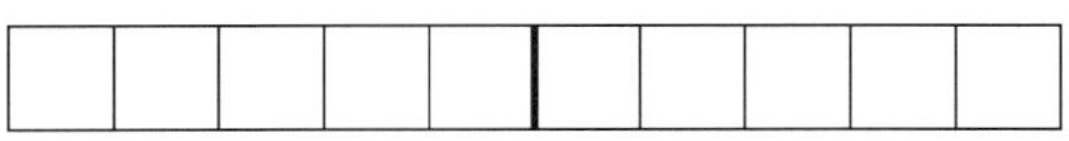

10 Mengenerfassung im Zahlenraum bis 20

Name: ____________________

1 Wie viele?

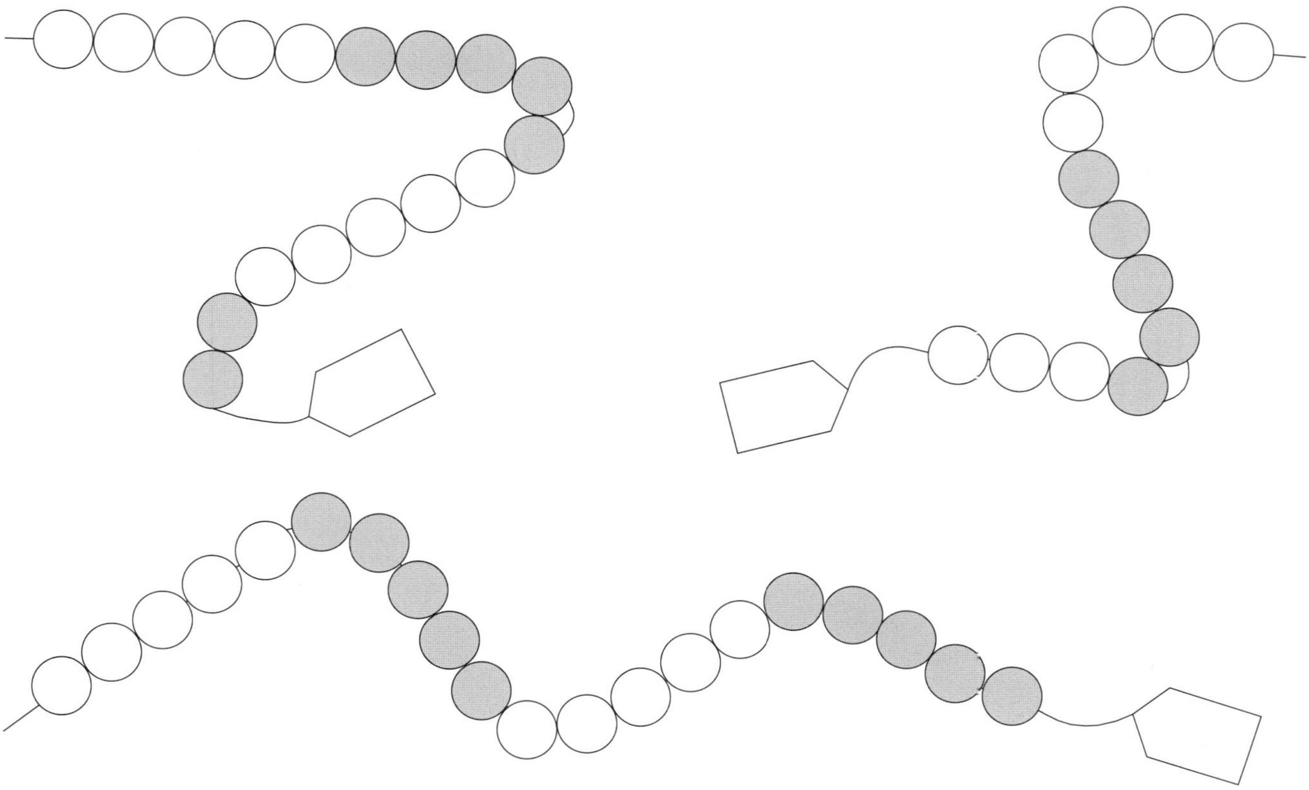

2 Male selbst.

11 Zahlenstrahl im Zahlenraum bis 20

Name: ____________________

1 Wo ist die Zahl ungefähr?

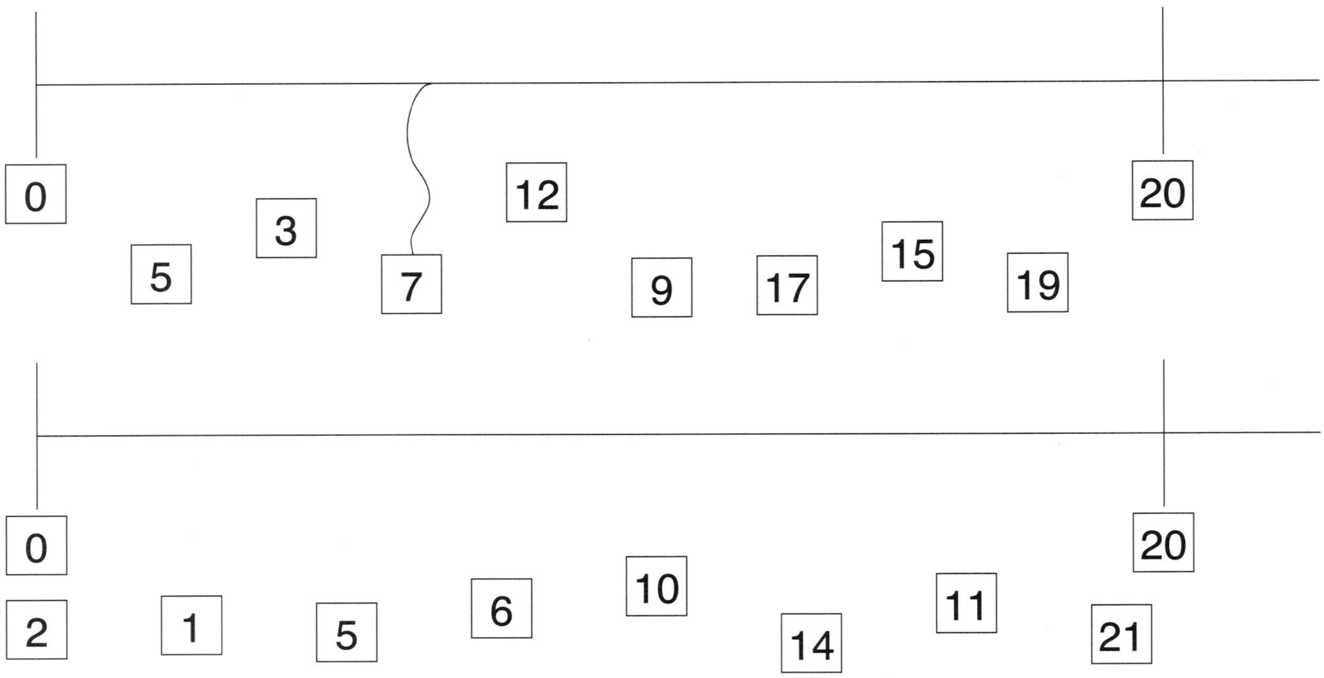

2

a

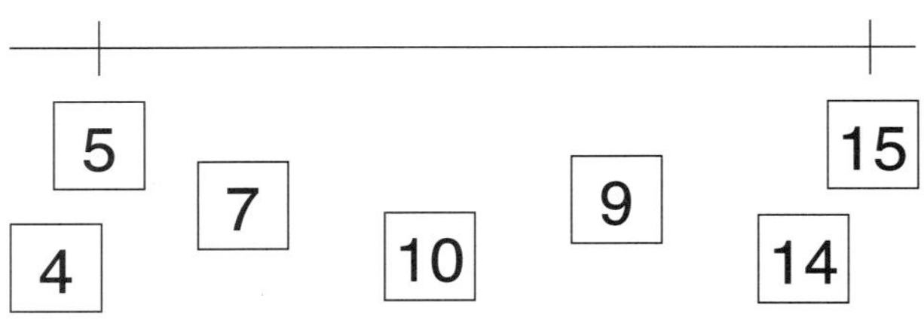

b

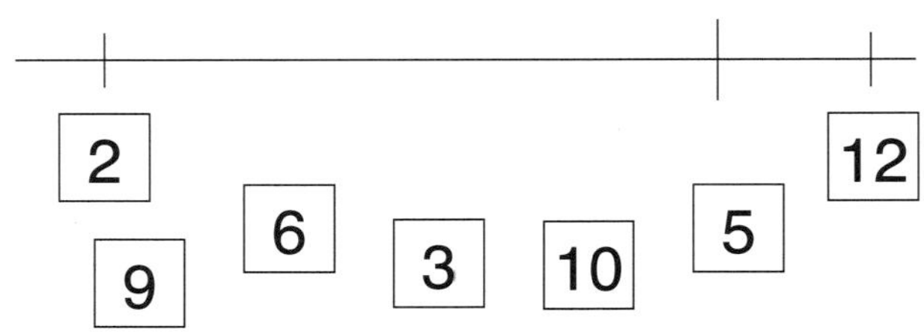

3 Welche Zahl liegt in der Mitte?

a

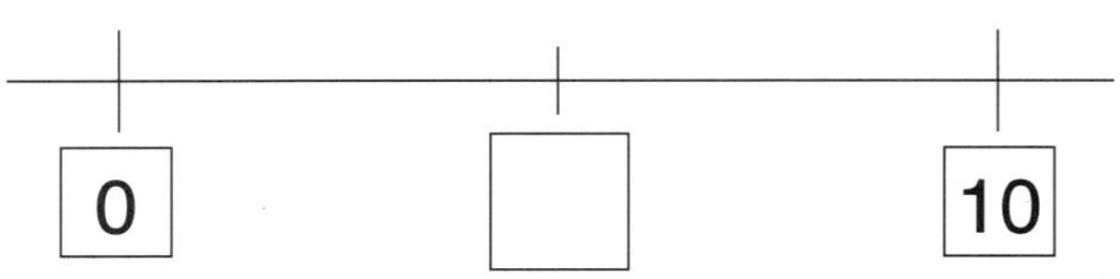

b

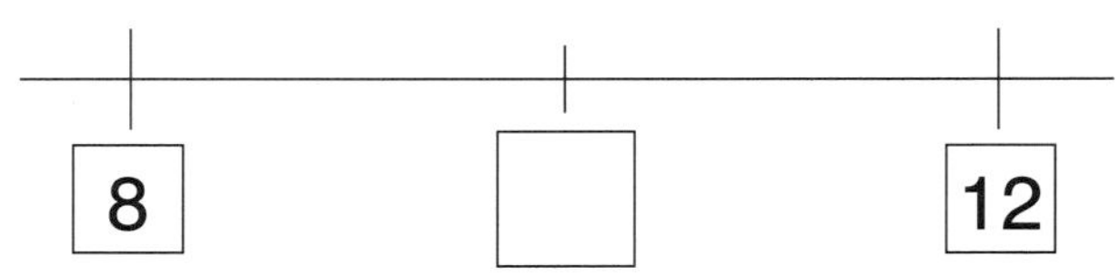

c

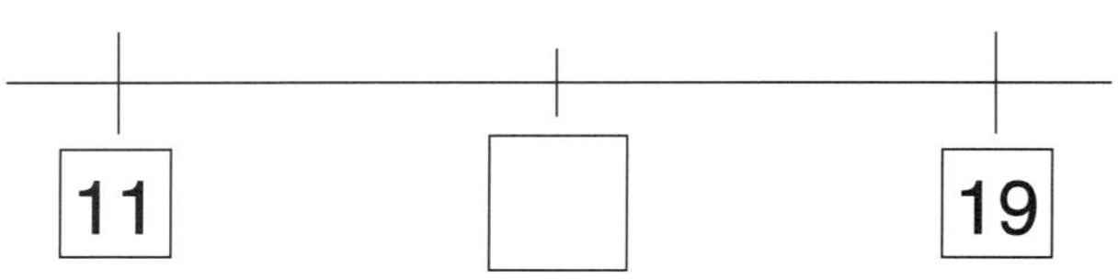

d

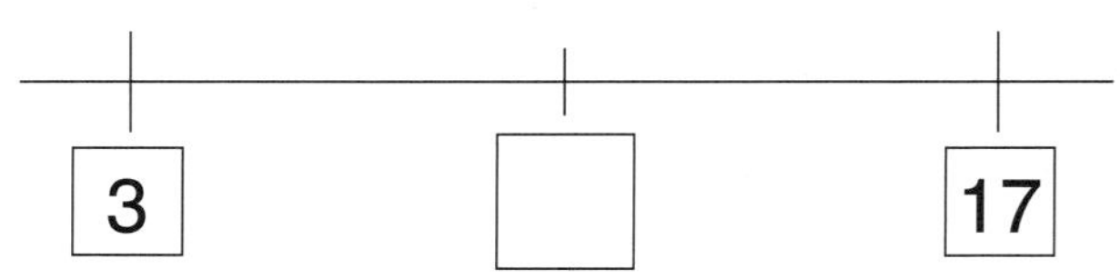

12 Zwanzigerfeld

Name: ____________________

1 Wie viele Kästchen sind angemalt?

a
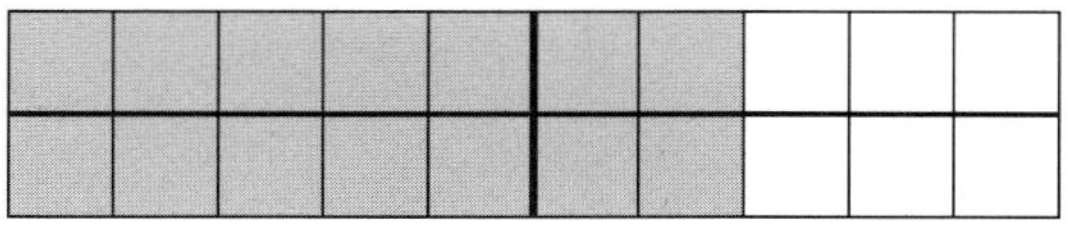
______

b
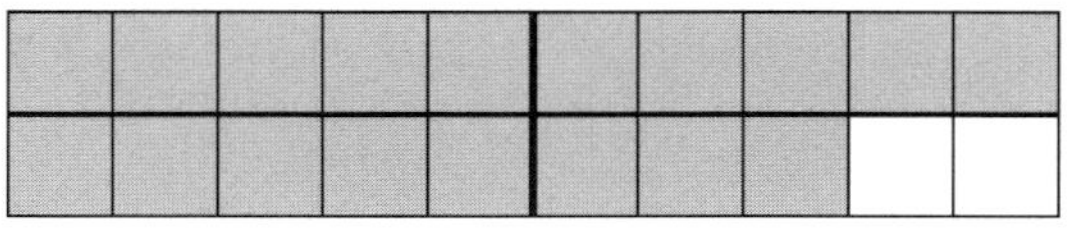
______

c
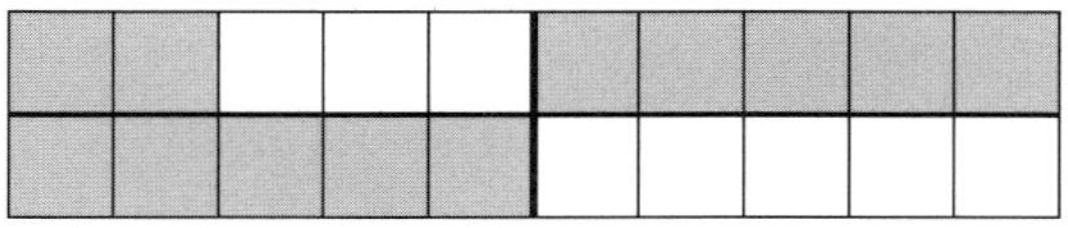
______

2 Male die Kästchen an.

a
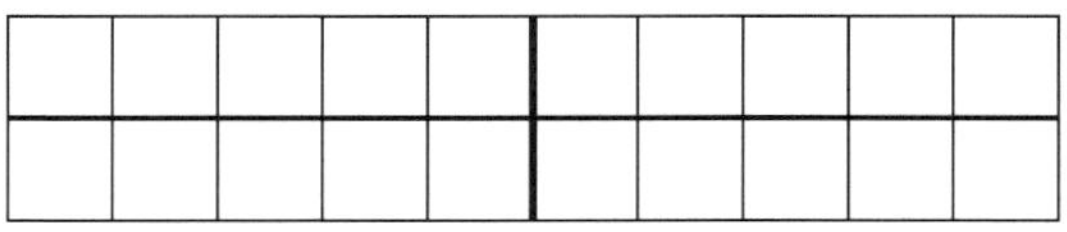
17

b
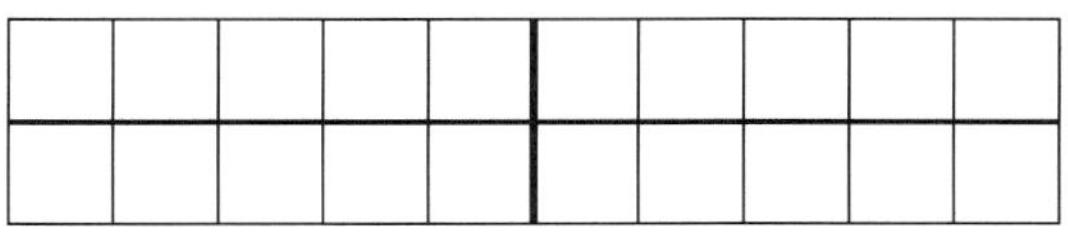
11

3 Trage die Zahlen ein.

a 10, 3, 18, 12, 17 und 5

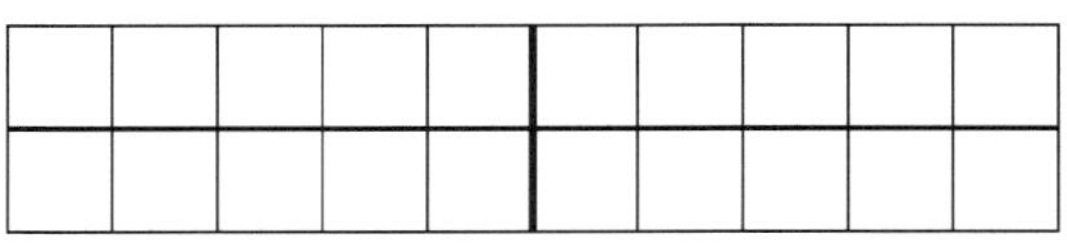

b 2, 20, 14, 9, 6 und 19

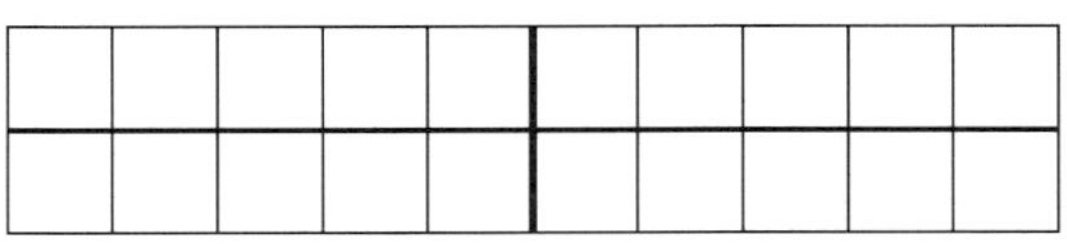

13 Zahlzerlegung im Zahlenraum bis 10 (1)

Name: ______________________

1 Trage die Zahlen ein.

a

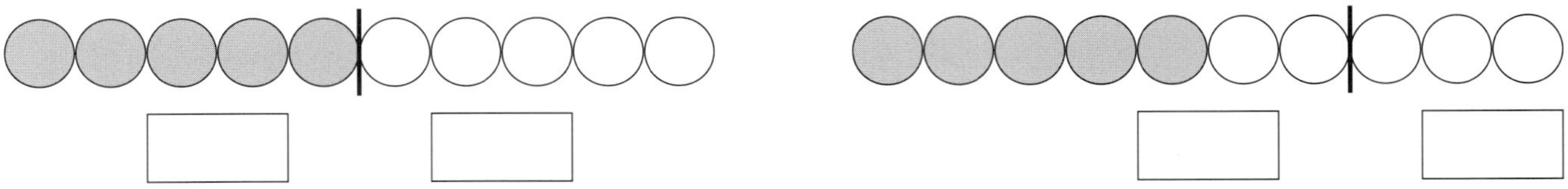

b

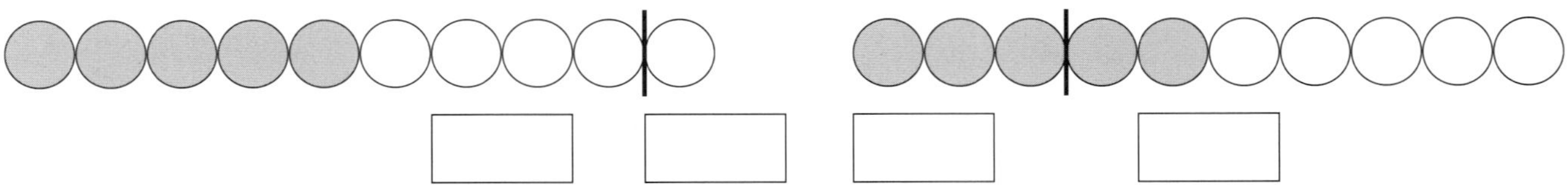

c

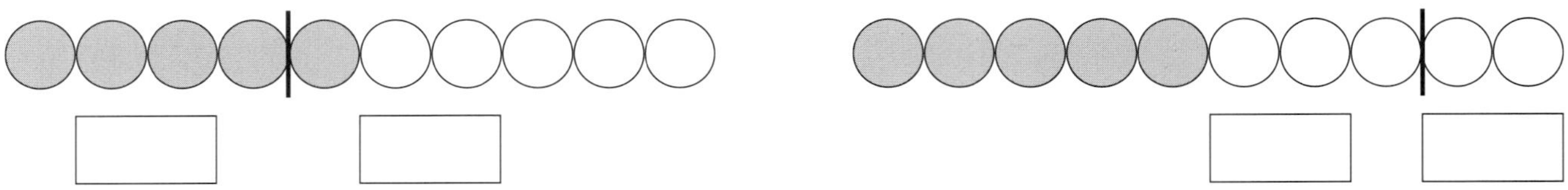

2 Schüttelboxen: Wie viele Kugeln sind verdeckt?

a

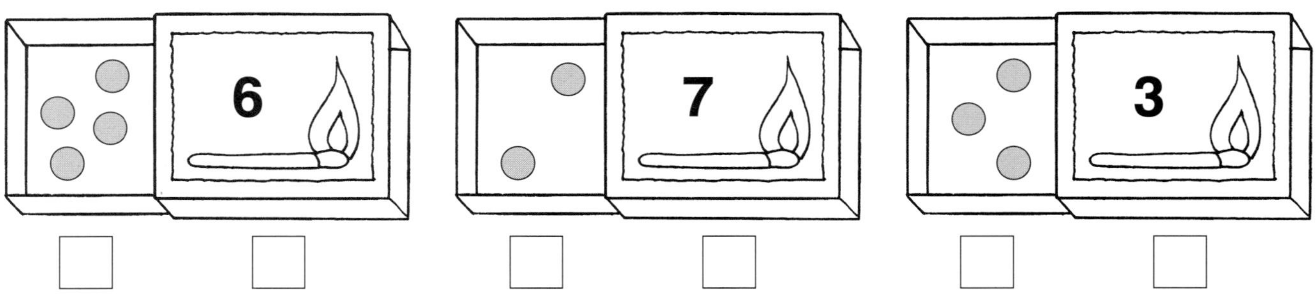

b

13 Zahlzerlegung im Zahlenraum bis 10 (2)

Name: ______________________

3 Zahlenhäuser: Zeichne die fehlenden Kreise.

a

5	
○○○	○○
	○
○○○○○	
	○○

b

4	
○	
	○○○○
○○○	
	○○

c

6	

4 Fülle die Tabellen aus.

a

10	5		9	2		8
	5	0			6	

b

8	1	4		7		8
			2		0	

c

9			1		2	
	3	5		1		6

14 Addition im Zahlenraum bis 10 (1)

Name: ____________________

1 Finde die Aufgaben.

a

3	+	2	=	

b

4	+		=	

c

	+		=	

2 Rechne.

a

3	+	5	=	
2	+	7	=	
4	+	4	=	
3	+	6	=	

b

6	+	4	=	
0	+	3	=	
2	+	8	=	
1	+	5	=	

c

4	+	3	=	
6	+	2	=	
7	+	0	=	
8	+	1	=	

3 Ergänze.

a

3	+		=	8
5	+		=	9
6	+		=	7
2	+		=	4

b

1	+		=	3
4	+		=	9
5	+		=	7
8	+		=	9

c

4	+		=	10
0	+		=	6
7	+		=	7
1	+		=	9

Addition im Zahlenraum bis 10 (2)

Name: ____________________

4 Rechne.

a

☐ + 6 = 9

6 = 2 + ☐

5 + 4 = ☐

b

9 = 1 + ☐

8 + 2 = ☐

☐ + 3 = 6

c

☐ + 10 = 10

7 = 3 + ☐

10 = 3 + ☐

5 Zahlenstrahl: Finde die Plusaufgabe.

a

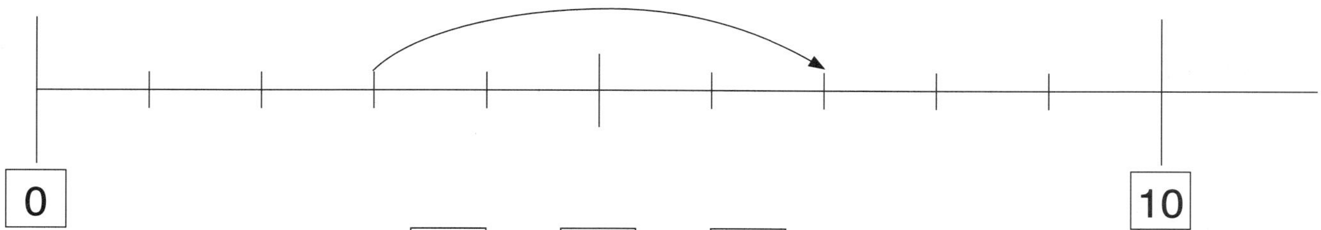

☐ + ☐ = ☐

b

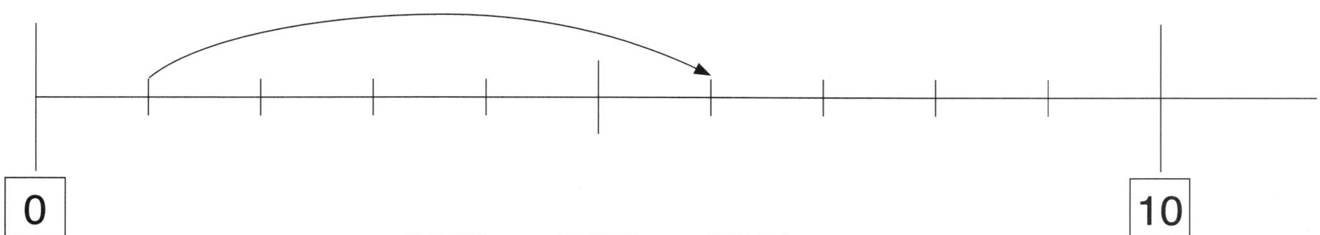

☐ + ☐ = ☐

c

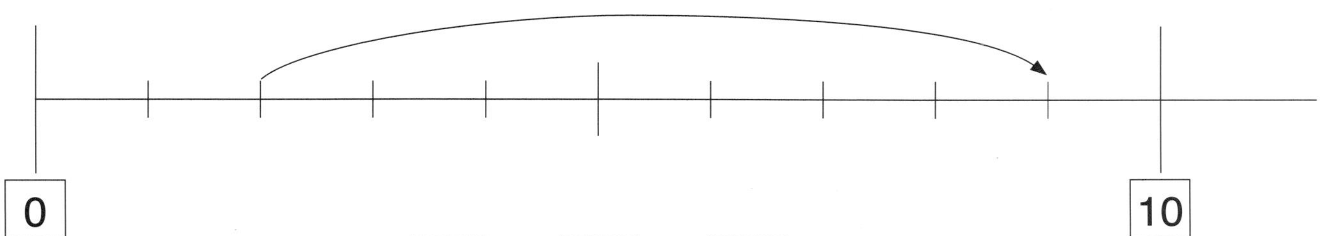

☐ + ☐ = ☐

15 Subtraktion im Zahlenraum bis 10 (1)

Name: ______________________

1 Finde die Aufgaben.

a

8 – 2 = ☐

b

9 – ☐ = ☐

c

☐ – ☐ = ☐

2 Rechne.

a

7 – 2 = ☐
5 – 3 = ☐
9 – 5 = ☐
8 – 4 = ☐

b

8 – 7 = ☐
4 – 0 = ☐
6 – 5 = ☐
8 – 2 = ☐

c

10 – 5 = ☐
7 – 6 = ☐
4 – 3 = ☐
8 – 3 = ☐

3 Rechne.

a

6 – ☐ = 4
9 – ☐ = 5
3 – ☐ = 0
8 – ☐ = 7

b

3 – ☐ = 3
6 – ☐ = 1
7 – ☐ = 3
7 – ☐ = 4

c

4 – ☐ = 2
5 – ☐ = 1
10 – ☐ = 3
8 – ☐ = 5

15 Subtraktion im Zahlenraum bis 10 (2)

Name: ____________________

4 Rechne.

a

□ – 2 = 8

6 = 9 – □

8 – □ = 3

b

5 = 7 – □

6 – □ = 1

□ – 8 = 2

c

□ – 10 = 0

5 = □ – 4

□ = 7 – 3

5 Zahlenstrahl: Finde die Minusaufgabe.

a

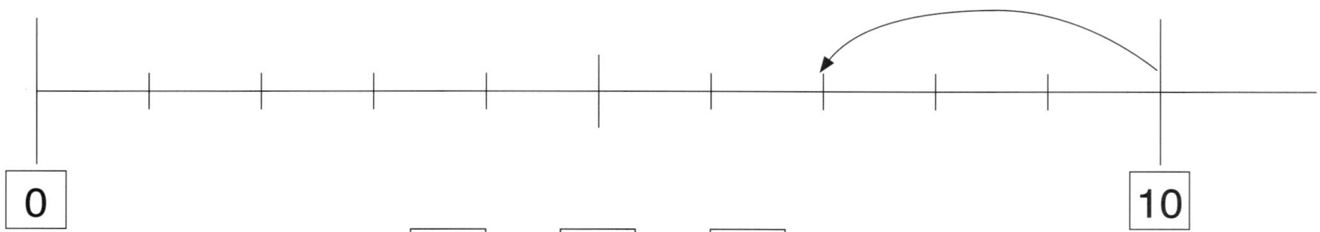

□ – □ = □

b

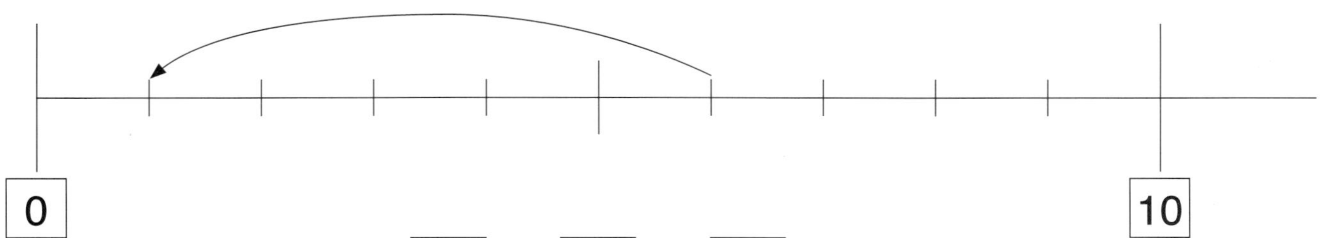

□ – □ = □

c

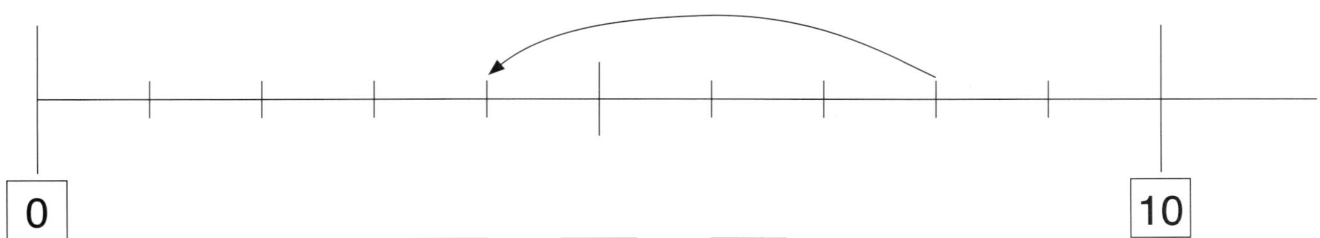

□ – □ = □

16 Addition im Zahlenraum bis 20 (1)

Name: ____________________

1 Rechne.

a

7 + 8 = ☐

3 + 12 = ☐

5 + 7 = ☐

4 + 16 = ☐

b

13 + 4 = ☐

9 + 5 = ☐

7 + 11 = ☐

12 + 4 = ☐

c

4 + 5 + 6 = ☐

2 + 5 + 8 = ☐

3 + 7 + 4 = ☐

5 + 6 + 5 = ☐

2 Fülle die Rechentabellen aus.

a

+	15	10	12	9	13
3	18				
4					
5					

b

+	6	9	5	2
8				
11				
7				

3 Ergänze.

a

12 + ☐ = 18

☐ + 5 = 13

16 + 4 = ☐

b

13 + 6 = ☐

6 + ☐ = 12

☐ + 7 = 15

c

4 + 6 + ☐ = 17

☐ + 3 + 8 = 12

12 + ☐ + 6 = 18

16 Addition im Zahlenraum bis 20 (2)

Name: ______________________

4 Finde die passende Plusaufgabe und rechne.

a

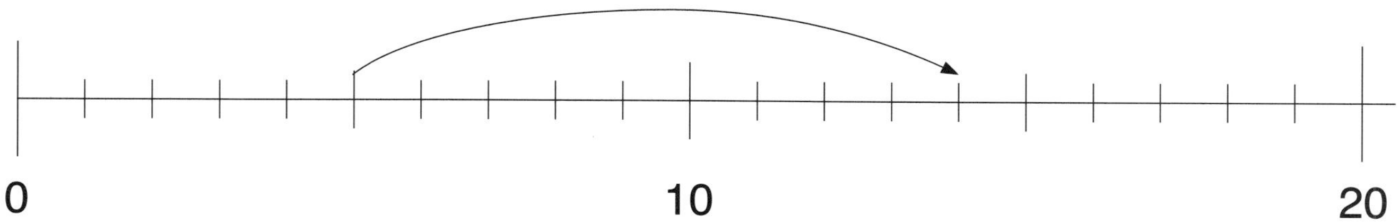

☐ + ☐ = ☐

b

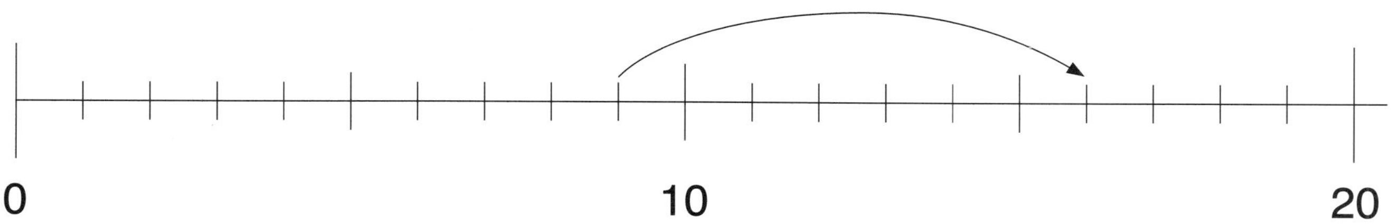

☐ + ☐ = ☐

5 Zeichne den passenden Pfeil und rechne.

a

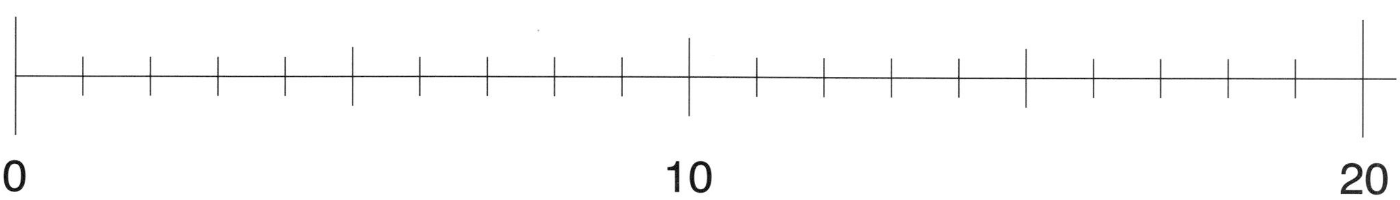

3 + 12 = ☐

b

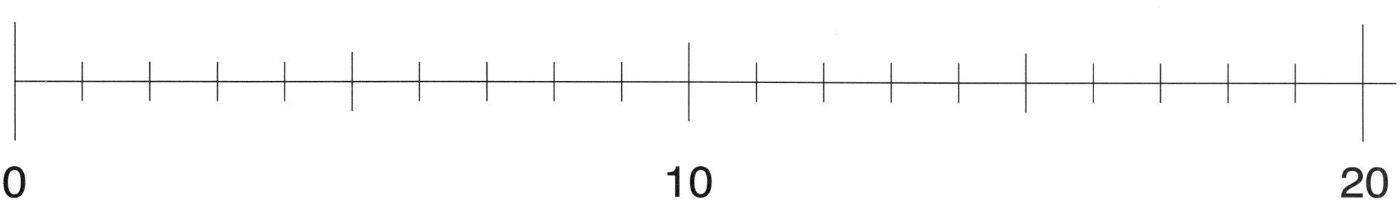

8 + 5 = ☐

17 Subtraktion im Zahlenraum bis 20 (1)

Name: ______________________

1 Rechne.

a

13 − 2 = ☐

17 − 5 = ☐

20 − 9 = ☐

11 − 4 = ☐

b

16 − 8 = ☐

15 − 6 = ☐

18 − 4 = ☐

11 − 10 = ☐

c

16 − 2 − 6 = ☐

20 − 10 − 3 = ☐

14 − 5 − 3 = ☐

16 − 8 − 8 = ☐

2 Fülle die Rechentabellen aus.

a

−	2	5	8	10	13
13	11				
14					
15					

b

−	11	7	3	9
18				
16				
20				

3 Rechne.

a

12 − ☐ = 5

☐ − 6 = 14

18 − 14 = ☐

b

20 − 12 = ☐

16 − ☐ = 9

☐ − 3 = 8

c

15 − 2 − ☐ = 10

12 − ☐ − 3 = 0

☐ − 4 − 3 = 8

17 Subtraktion im Zahlenraum bis 20 (2)

Name: ____________________

4 Finde die passende Minusaufgabe und rechne.

a

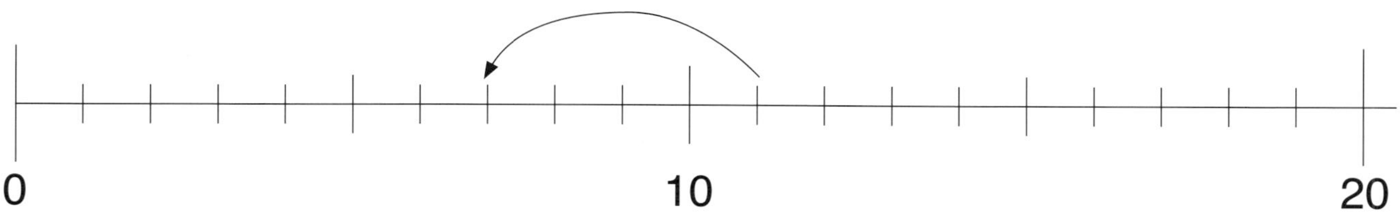

☐ – ☐ = ☐

b

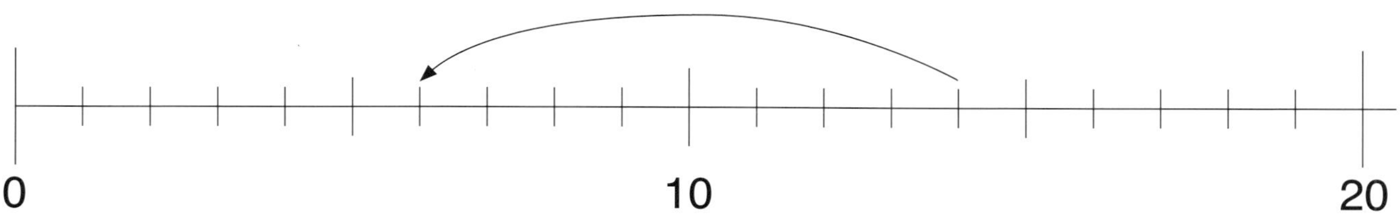

☐ – ☐ = ☐

5 Zeichne den passenden Pfeil und rechne.

a

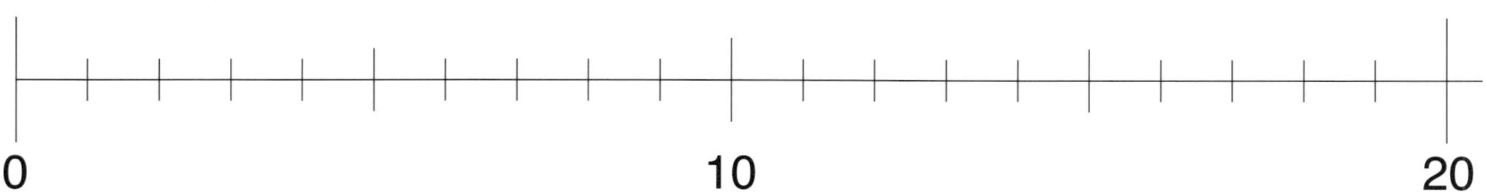

15 – 13 = ☐

b

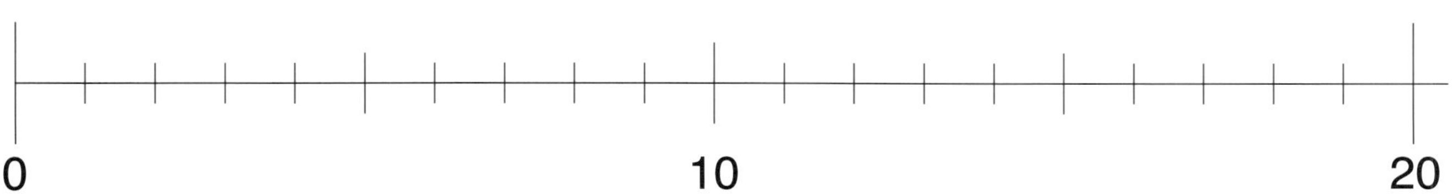

20 – 6 = ☐

18 Münzen und Scheine

Name: ____________________

1 Verbinde.

1 ct	10 ct	2 €	2 ct	20 ct	5 ct	50 ct	1 €

2 Sortiere. Beginne mit dem kleinsten Betrag.

1 ct, ______________________________

3 Verbinde.

2 €	20 €	5 €	10 €	1 €

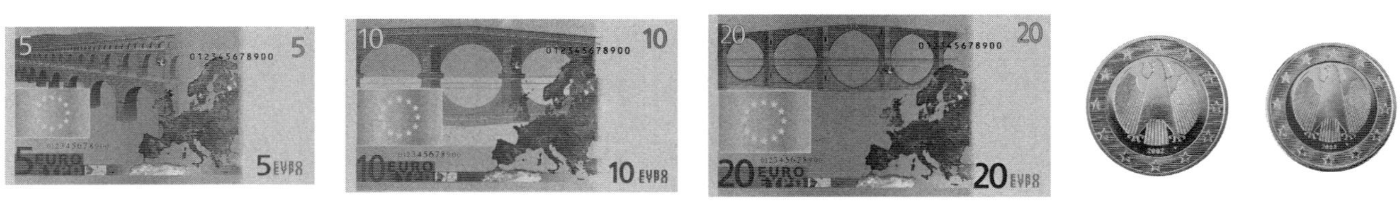

4 Sortiere. Beginne mit dem kleinsten Betrag.

____

19 Zerlegung von Geldbeträgen im Zahlenraum bis 20

Name: ____________________

1 Wie viel Geld ist im Sparschwein?

a

________ ct

b

________ ct

c

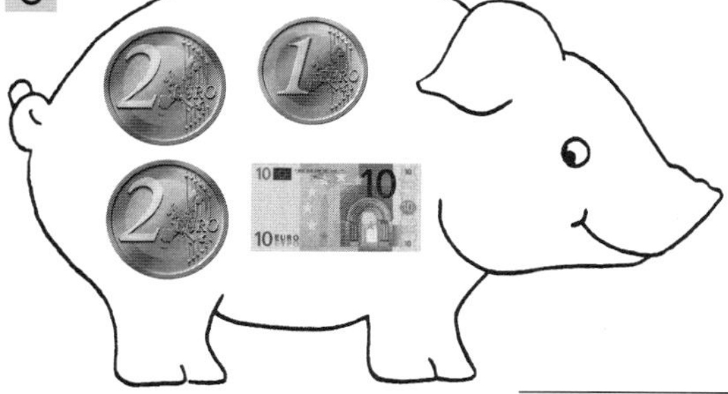

________ €

d

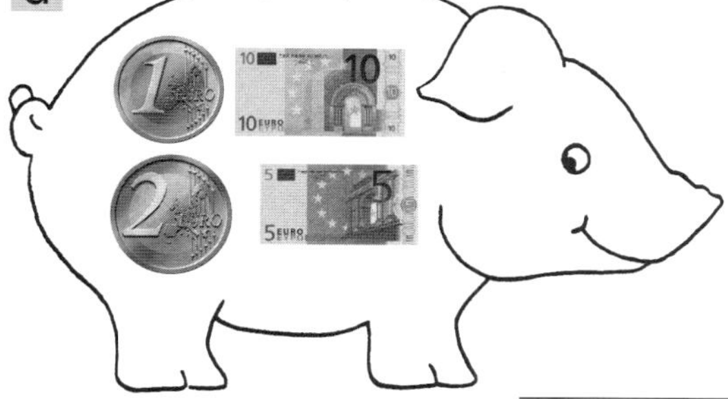

________ €

2 Mit welchen Münzen oder Scheinen kannst du den Betrag legen?
Trage die Zahlen ein.

a	6 ct	(2) (2) (2)	6 ct	( ) ( )
b	20 ct	( ) ( ) ( ) ( )	20 ct	( ) ( ) ( ) ( ) ( )
c	4 €	( ) ( ) ( )	4 €	( ) ( ) ( ) ( )
d	12 €	( ) ( ) [ ] [ ]	12 €	( ) [ ]

20 Tagesablauf

Name: ____________________

1 Tims Tagesablauf: Verbinde.

12.00 Uhr	morgens	
7.00 Uhr	vormittags	
15.00 Uhr	mittags	
10.00 Uhr	nachmittags	
2.00 Uhr	abends	
19.00 Uhr	nachts	

2 Beantworte die Fragen.

a Wann stehst du morgens auf? um __________ Uhr

b Wann machst du deine Hausaufgaben? um __________ Uhr

c Wann hast du Zeit zum Faulenzen? um __________ Uhr

d Wann gehst du ins Bett? um __________ Uhr

21 Uhrzeiten (volle Stunden)

Name: ____________________

1 Wie viel Uhr ist es? Schreibe auch die Tageszeit dazu.

a 		
5 Uhr morgens		
17 Uhr nachmittags		

b 		

2 Zeichne die Zeiger ein und schreibe die Tageszeit dazu.

a 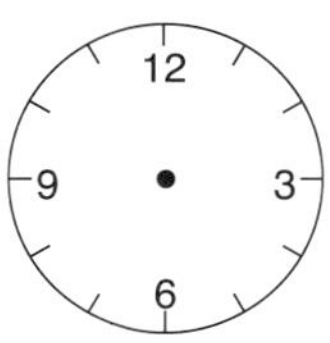	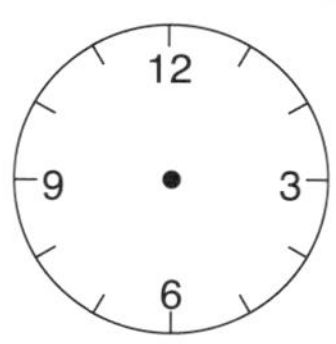	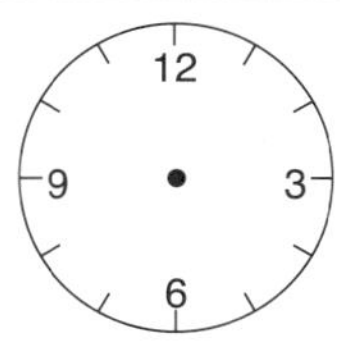
22 Uhr abends	2 Uhr	16 Uhr

b 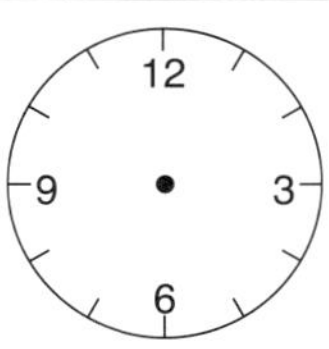	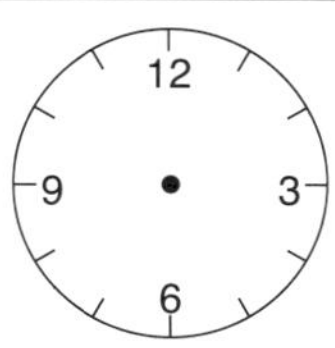	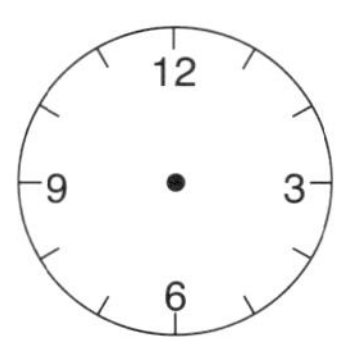
12 Uhr	19 Uhr	3 Uhr

22 Anwendung von Addition und Subtraktion im Zahlenraum bis 20

Name: ______________________

1 Jan hat 4 Murmeln, Max hat 8.

2 In der Klasse 1a sind 20 Kinder, 11 davon sind Jungen.

3 Lena, Anne und Mia haben 15 Bonbons geschenkt bekommen.
6 haben sie schon gegessen.

4 Luise geht mit ihrem Bruder ins Kino. Der Eintritt kostet 6 €.

5 Lisa, Tim und Jonas sammeln zusammen 18 Kastanien.

23 Kombinatorik

Name: ____________________

1 Tobi baut einen Turm aus 3 Bauklötzen.

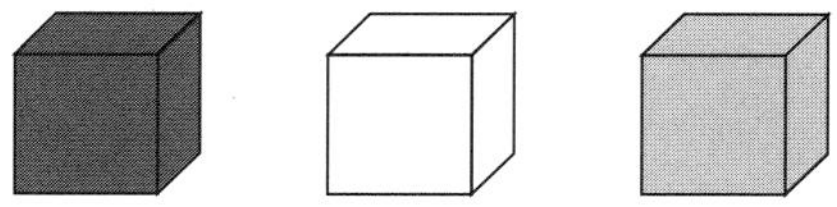

Zeichne alle verschiedenen Möglichkeiten auf.

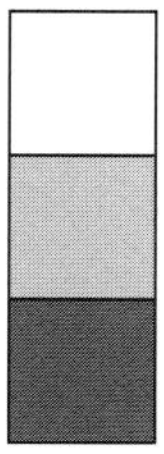

Er hat ________ Möglichkeiten, einen Turm zu bauen.

2 Susanne hat 2 Lieblingshosen und 4 Lieblingspullis.

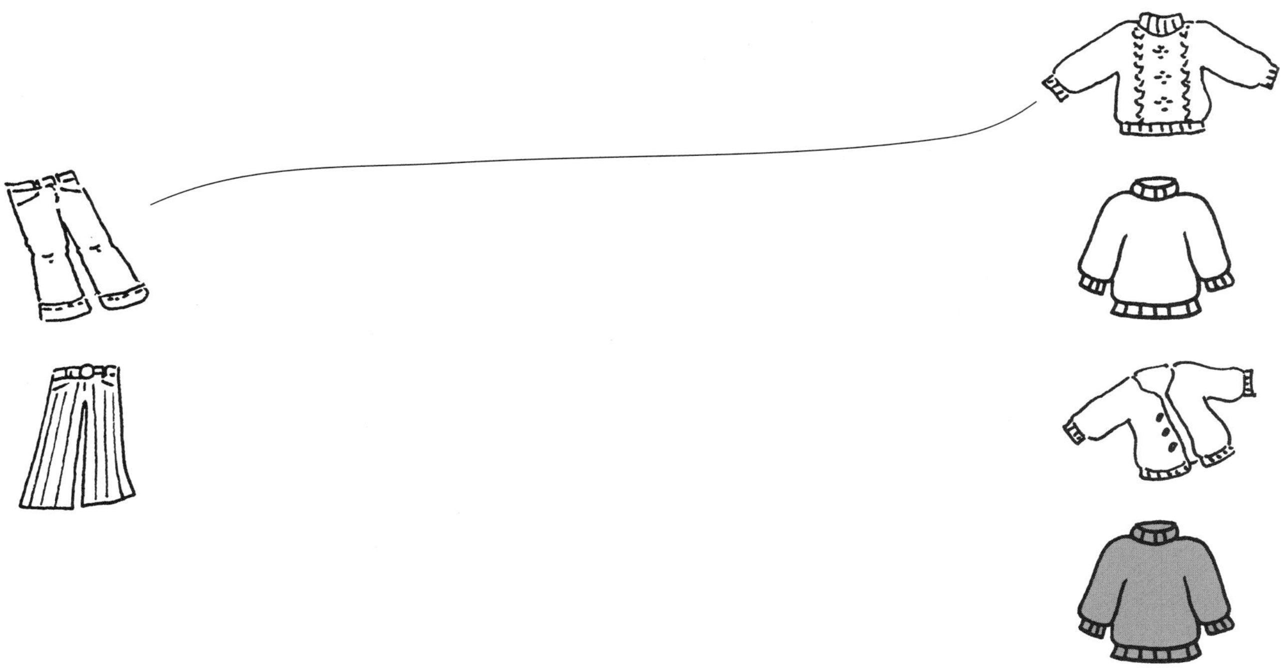

Sie hat ________ Möglichkeiten, sich anzuziehen.

24 Lagebeziehungen

Name: ____________________

1 Zeigt der Pfeil nach links oder rechts? Kreuze an.

a
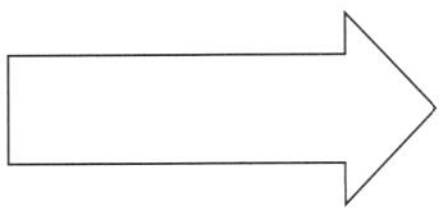
rechts ☐
links ☐

b
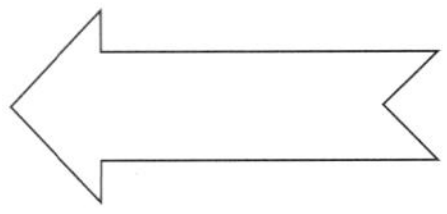
rechts ☐
links ☐

c
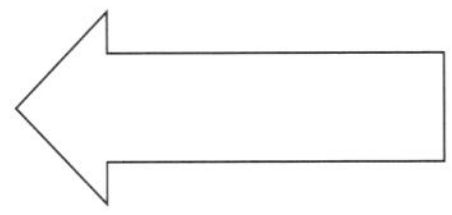
rechts ☐
links ☐

d
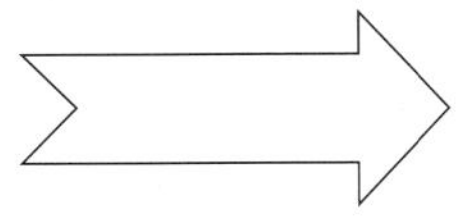
rechts ☐
links ☐

2 Links oder rechts? Kreuze an.

a
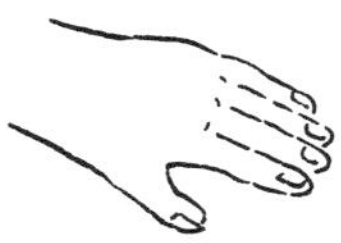
rechts ☐
links ☐

b
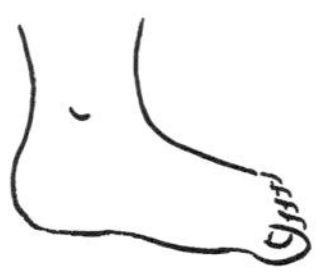
rechts ☐
links ☐

c

rechts ☐
links ☐

d
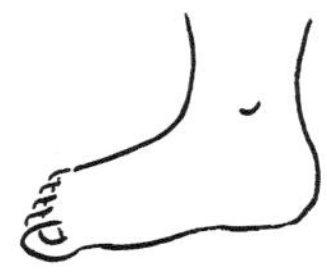
rechts ☐
links ☐

3 Liegen die Sachen von den Kindern aus gesehen links oder rechts? Kreuze an.

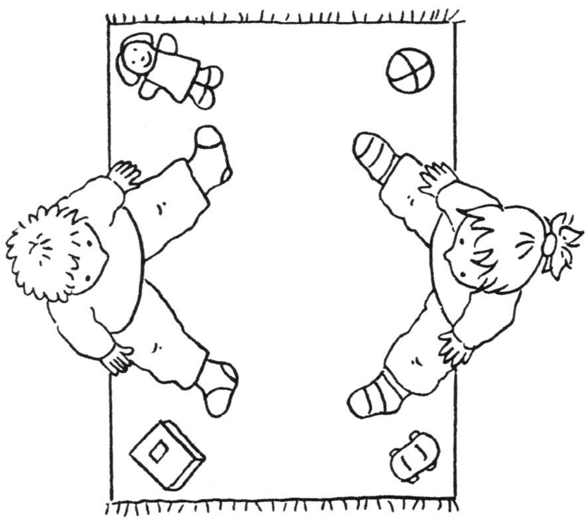

 rechts ☐ links ☐	 rechts ☐ links ☐	 rechts ☐ links ☐
 rechts ☐ links ☐	 rechts ☐ links ☐	 rechts ☐ links ☐

25 Muster

Name: ____________________

1 Setze die Reihe fort.

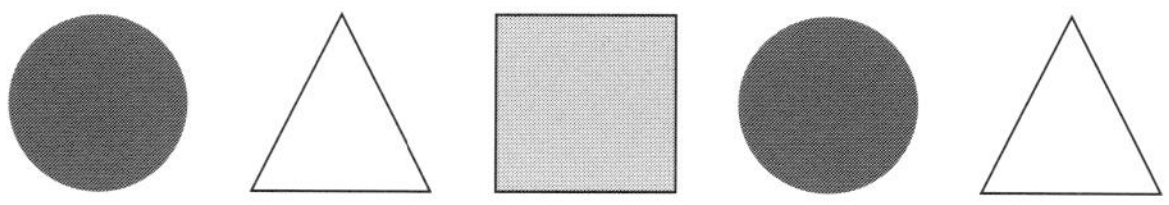

2 Setze die Reihe fort.

3 Male weiter.

a

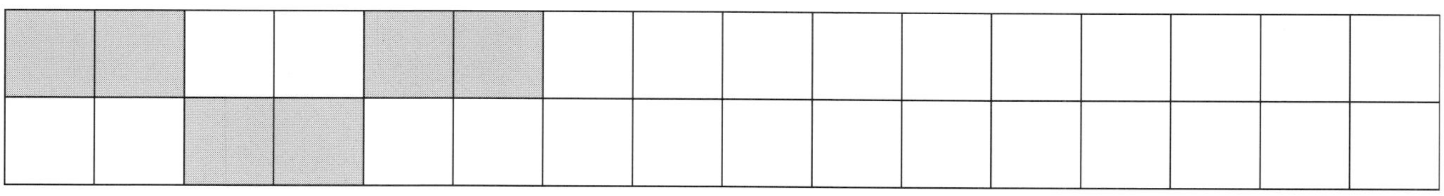

b

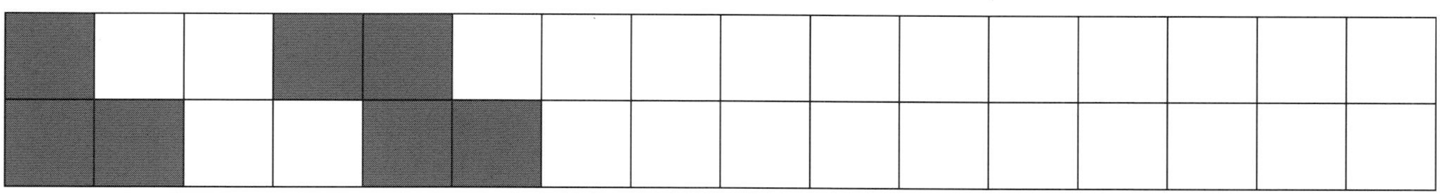

4 Male die Quadrate aus und bestimme die Anzahl.

a

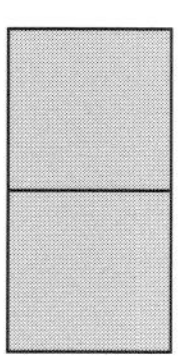

2

b

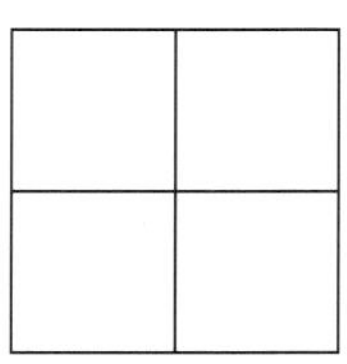

____

c

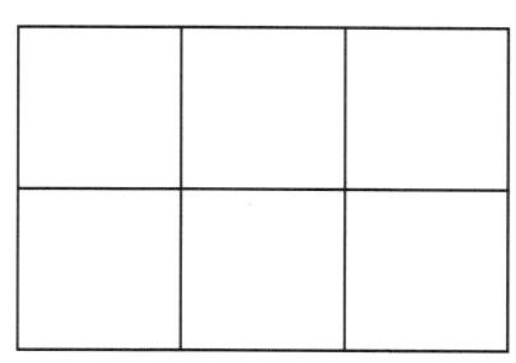

____

d

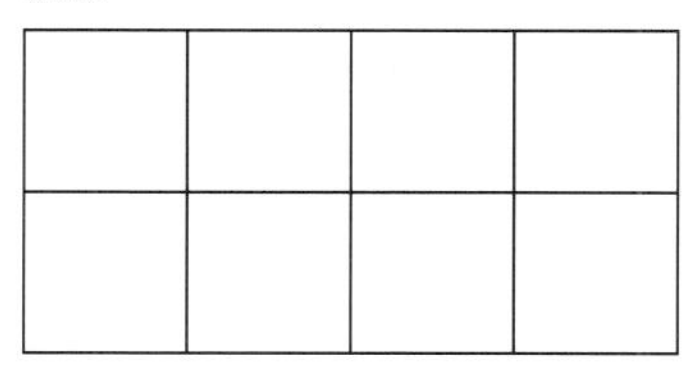

____

5 Wie geht es in den beiden Reihen weiter?

a

2   4   6   ____   ____   ____   ____   ____   ____   ____

b

19   17   ____   ____   ____   ____   ____   ____   ____   ____

26 Mengenerfassung im Zahlenraum bis 100

Name: ____________________

1 Schätze die Anzahl.

Meine Schätzung:

a
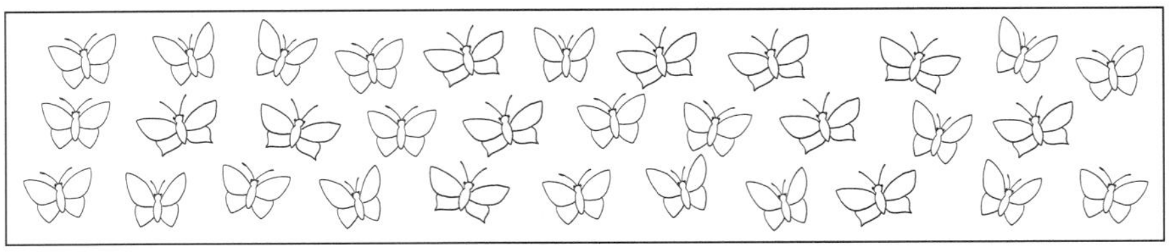
____

b
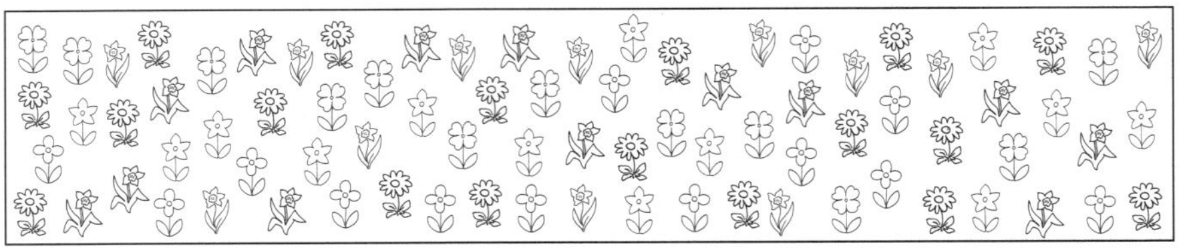
____

c
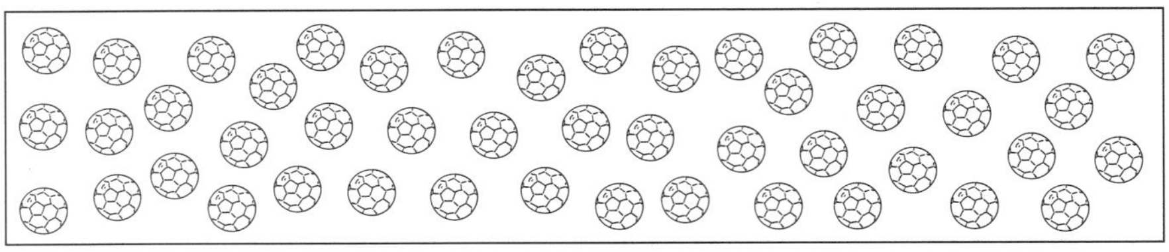
____

d
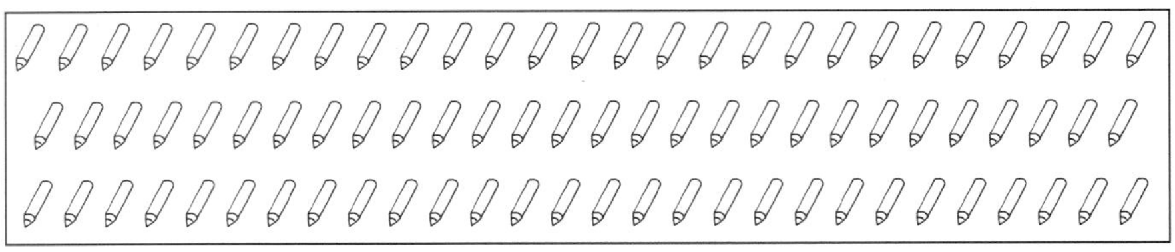
____

2 Kreise immer 10 ein und trage in die Tabelle ein.

a
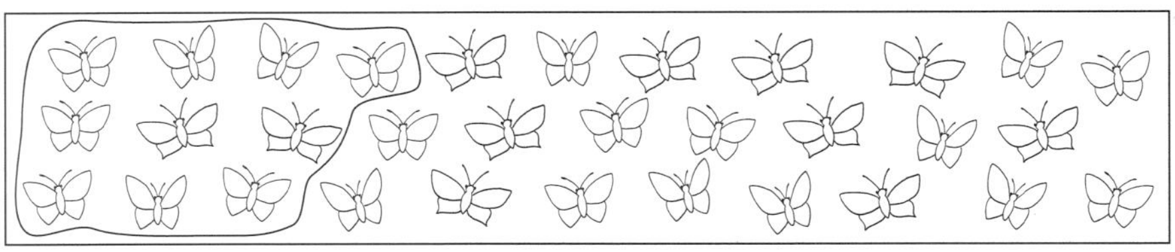

Z	E

b

Z	E

c
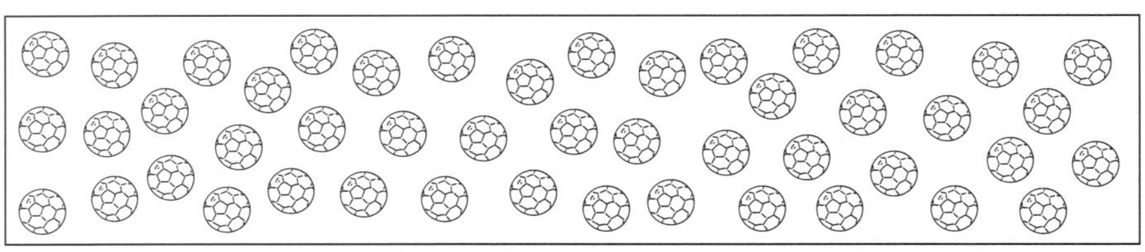

Z	E

d
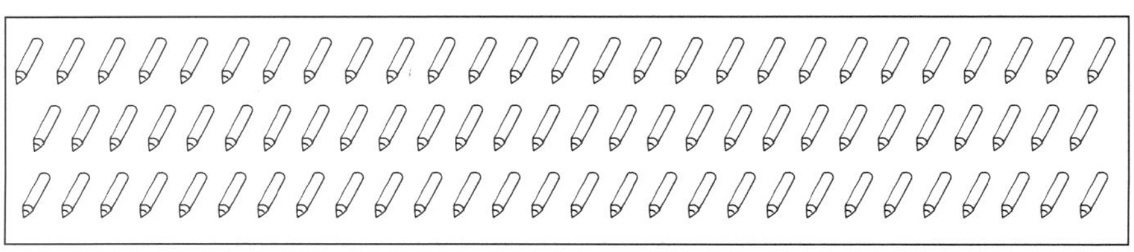

Z	E

27 Zahlenstrahl im Zahlenraum bis 100

Name: ______________________

1 Wo ist die Zahl ungefähr?

a

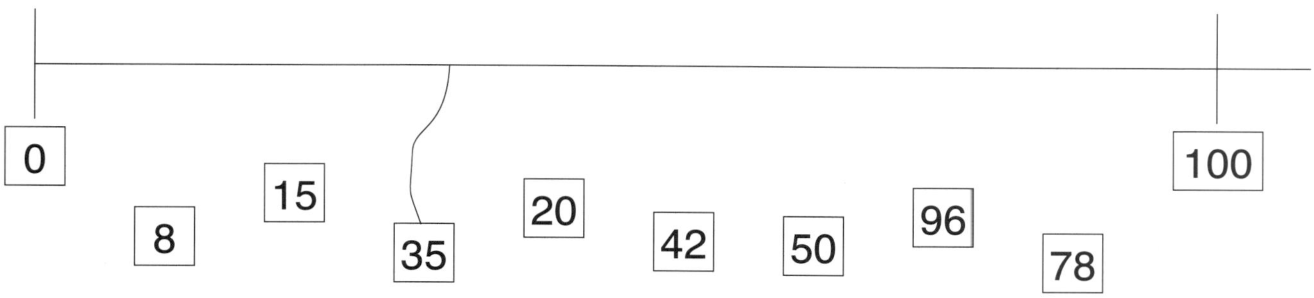

b

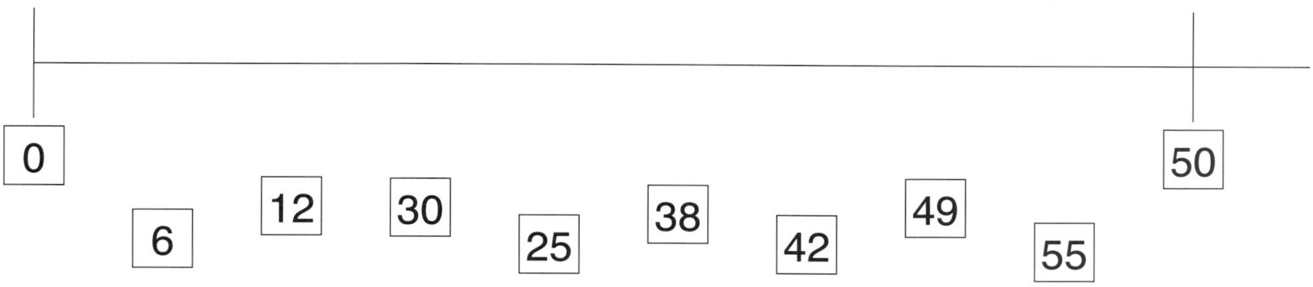

2 Wo ist die Zahl ungefähr?

a

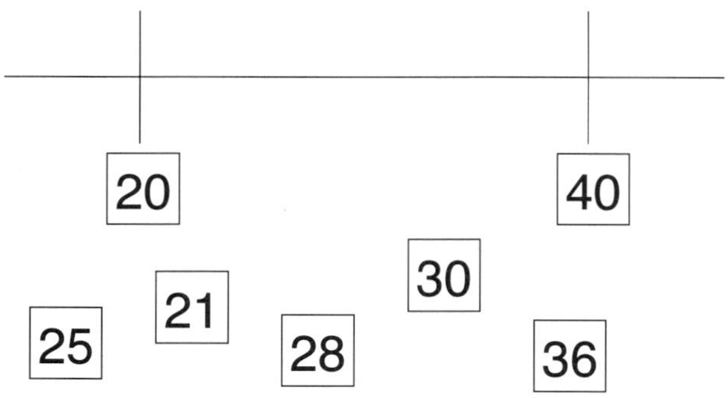

b

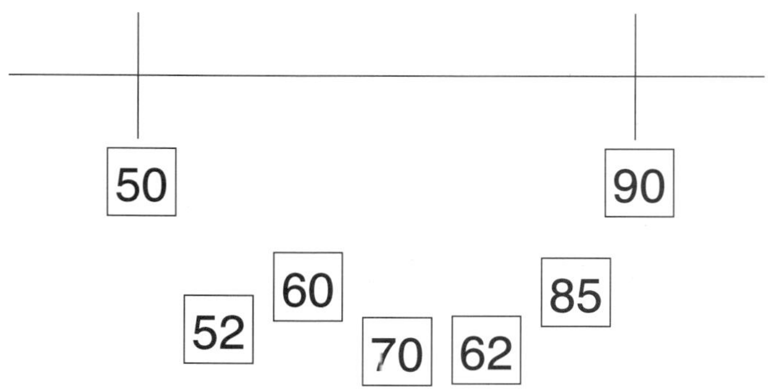

3 Welche Zahlen könnten es sein?

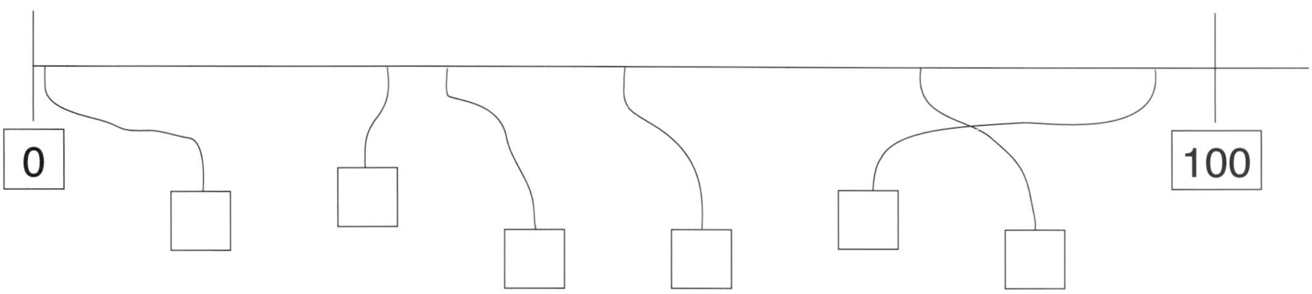

28 Hunderterfeld

Name: ____________________

1 Trage die fehlenden Zahlen in das Hunderterfeld ein.

	2	3	4				8		
11			14	15				19	20
21	22	23				27	28		30
	32					37			
	42	43			46		48		
			54	55			58		60
	62	63		65		67		69	
71			74						80
81			84						90
		93		95	96			99	

2 Trage den Vorgänger und den Nachfolger ein.

a

	15	
	43	

b

	27	
	31	

c

	80	
	77	

d

	69	
	58	

3 Hier siehst du Ausschnitte aus dem Hunderterfeld.
Trage die fehlenden Zahlen ein.

a

	46		

b

12	

c

	88	

d

2	

e

17		
		29

f

		50

g

21		23

29 Zahlzerlegung im Zahlenraum bis 100 (1)

Name: ______________

1 Wie viele schwarze und wie viele graue Punkte sind zu sehen?

a

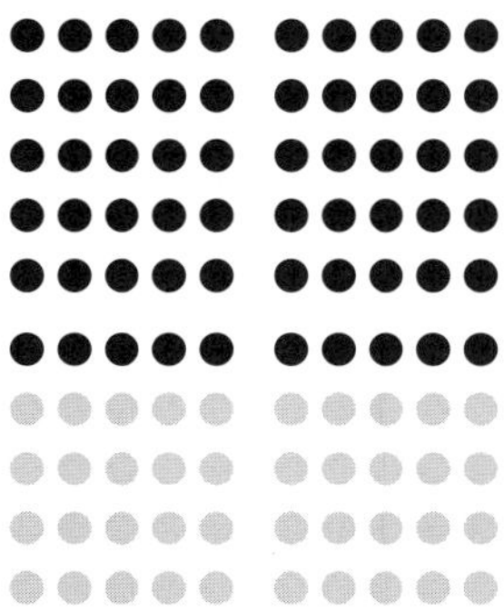

schwarz: ______

grau: ______

b

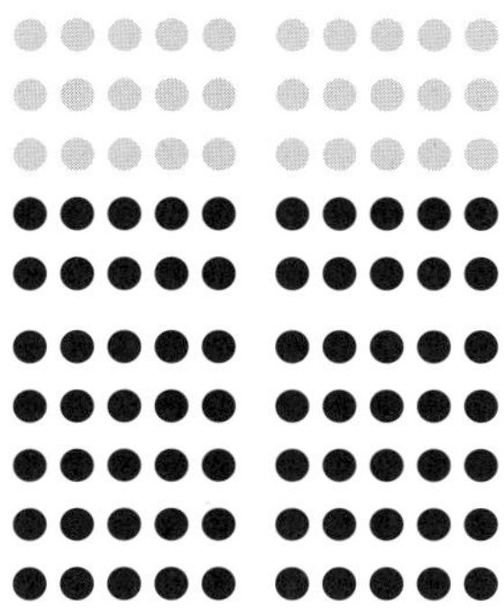

schwarz: ______

grau: ______

c

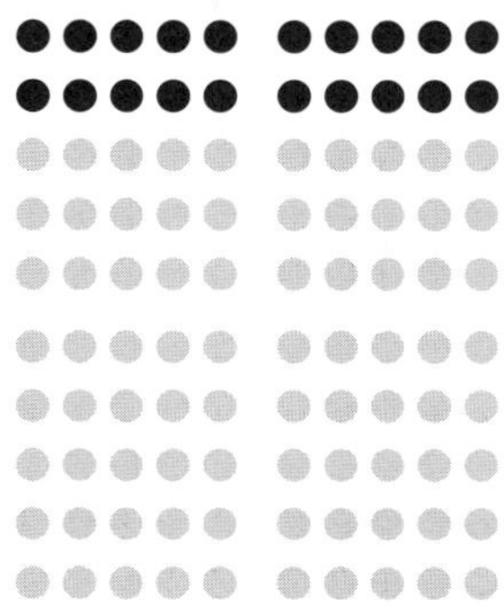

schwarz: ______

grau: ______

d

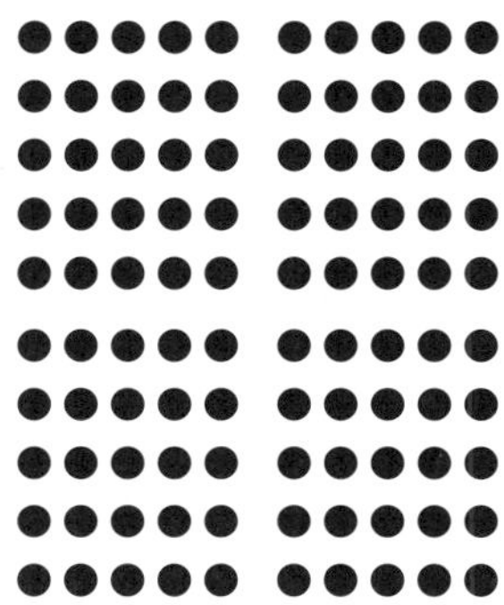

schwarz: ______

grau: ______

2 Finde die passenden Plusaufgaben.

a

50 + _____ = 100

b

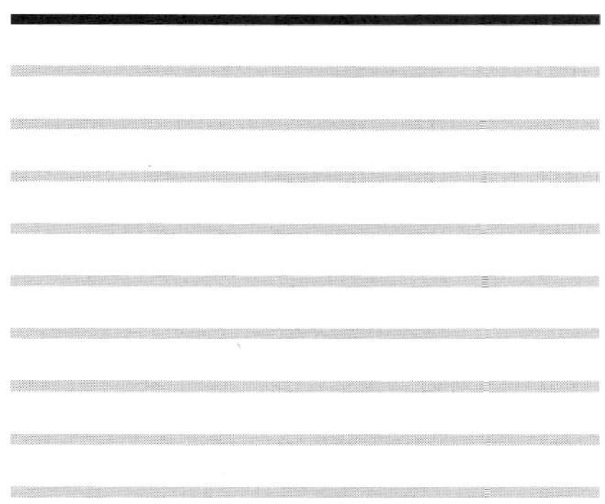

_____ + _____ = 100

c

_____ + _____ = 100

d

_____ + _____ = 100

Zahlzerlegung im Zahlenraum bis 100 (2)

Name: ____________________

3 Finde die passenden Plusaufgaben.

a	b	c	d
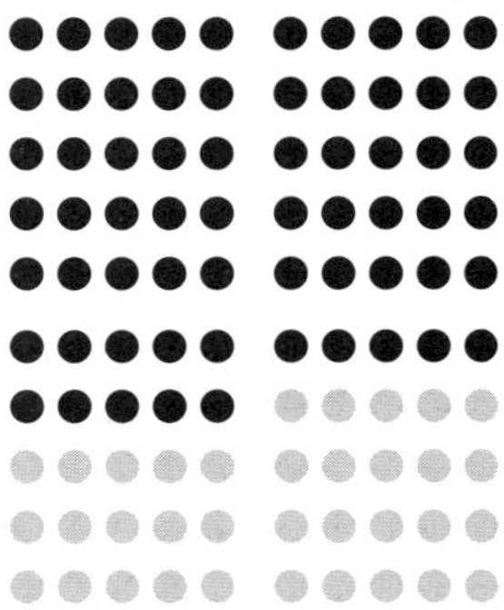	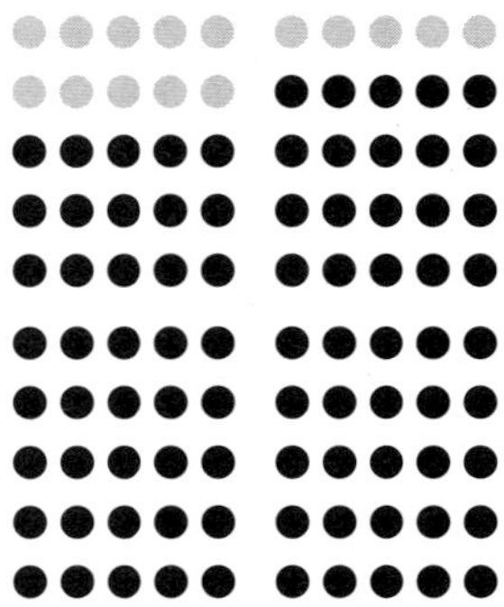	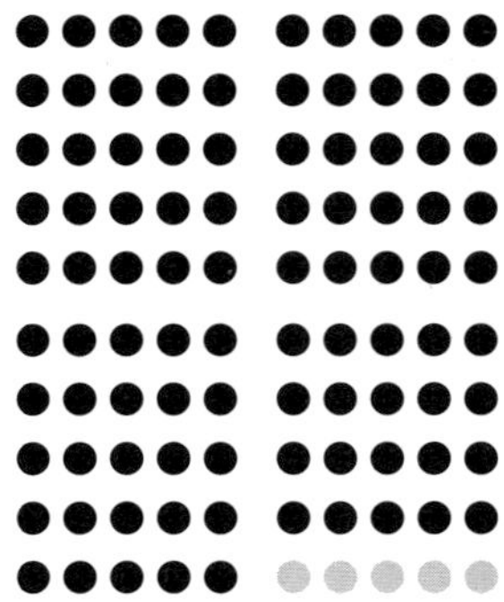	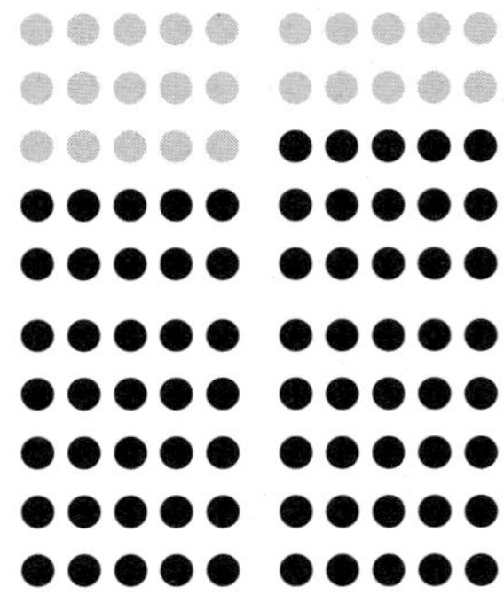
65 + ___ = ___	___ + ___ = ___	___ + ___ = ___	___ + ___ = ___

4 Ergänze.

a	b	c	d
20 + ___ = 100	40 + ___ = 100	85 + ___ = 100	15 + ___ = 100
50 + ___ = 100	10 + ___ = 100	55 + ___ = 100	25 + ___ = 100
___ + 60 = 100	___ + 70 = 100	___ + 45 = 100	___ + 75 = 100
___ + 80 = 100	___ + 20 = 100	___ + 35 = 100	___ + 5 = 100

5 Ergänze.

a	b	c	d
82 + ___ = 100	54 + ___ = 100	16 + ___ = 100	15 + ___ = 100
100 = 23 + ___	100 = 37 + ___	100 = 91 + ___	100 = 77 + ___

30 Addition im Zahlenraum bis 100

Name: ____________________

1 Rechne.

a
20 + 30 = ___
0 + 100 = ___

b
90 + 10 = ___
50 + 50 = ___

c
40 + 40 = ___
60 + 40 = ___

d
60 + 20 = ___
30 + 70 = ___

e
70 + 9 = ___
32 + 5 = ___

f
80 + 8 = ___
12 + 7 = ___

g
20 + 4 = ___
96 + 3 = ___

h
30 + 0 = ___
51 + 8 = ___

2 Rechne.

a
40 + 11 = ___
45 + 6 = ___

b
60 + 15 = ___
82 + 9 = ___

c
20 + 13 = ___
36 + 8 = ___

d
70 + 12 = ___
12 + 9 = ___

e
25 + 30 = ___
70 + 12 = ___

f
40 + 12 = ___
36 + 50 = ___

g
62 + 20 = ___
17 + 70 = ___

h
54 + 40 = ___
47 + 30 = ___

3 Fülle die Rechentabellen aus.

a

+	30	35	45	15	28	39
20						
35						
47						

b

+	19	24	36	41	48	55
16						
23						
38						

4 Ergänze.

a 30 + ___ = 70

b 40 + ___ = 100

c 70 + ___ = 90

d 10 + ___ = 80

e 23 + ___ = 56

f 49 + ___ = 62

g 74 + ___ = 83

h 36 + ___ = 92

5 Zeichne am Zahlenstrahl und berechne.

a

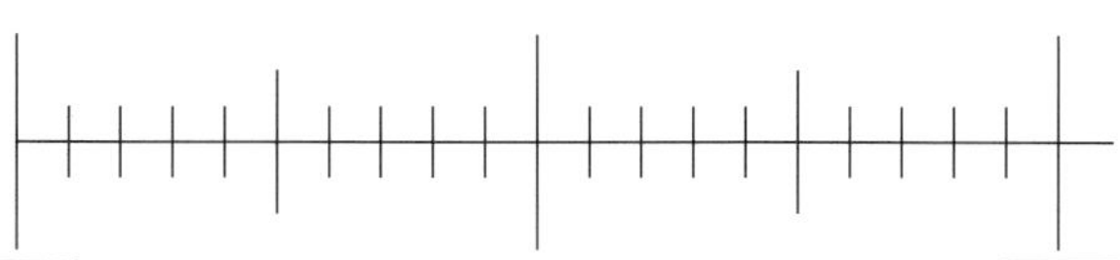

70 72 + 17 = ___ 90

b

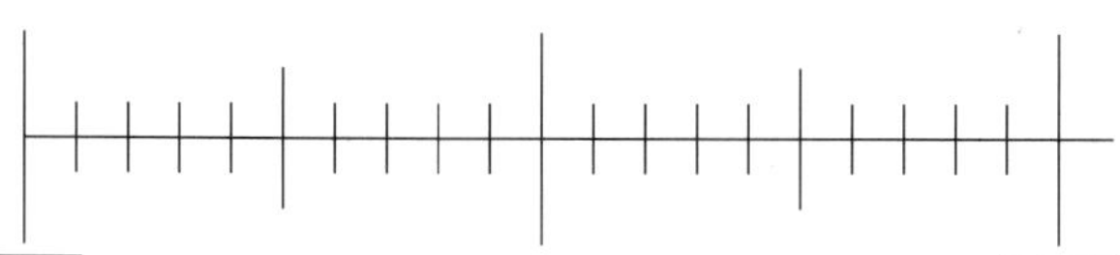

40 41 + ___ = 60 60

31 Subtraktion im Zahlenraum bis 100

Name: ____________________

1 Rechne.

a
50 – 20 = ____
100 – 30 = ____

b
80 – 60 = ____
50 – 30 = ____

c
90 – 40 = ____
70 – 50 = ____

d
30 – 20 = ____
40 – 40 = ____

e
30 – 4 = ____
76 – 5 = ____

f
20 – 3 = ____
49 – 8 = ____

g
80 – 5 = ____
61 – 1 = ____

h
50 – 8 = ____
94 – 2 = ____

2 Rechne.

a
40 – 11 = ____
45 – 6 = ____

b
60 – 15 = ____
82 – 9 = ____

c
20 – 13 = ____
36 – 8 = ____

d
70 – 12 = ____
12 – 9 = ____

e
35 – 20 = ____
99 – 40 = ____

f
57 – 40 = ____
45 – 20 = ____

g
83 – 80 = ____
72 – 40 = ____

h
23 – 10 = ____
61 – 50 = ____

3 Fülle die Rechentabellen aus.

a

–	30	35	45	15	28	39
80						
65						
48						

b

–	19	24	36	41	48	55
56						
64						
79						

4 Ergänze.

a
70 – ____ = 30

b
100 – ____ = 40

c
90 – ____ = 70

d
80 – ____ = 10

e
56 – ____ = 23

f
49 – ____ = 21

g
83 – ____ = 74

h
92 – ____ = 32

5 Zeichne am Zahlenstrahl und berechne.

a

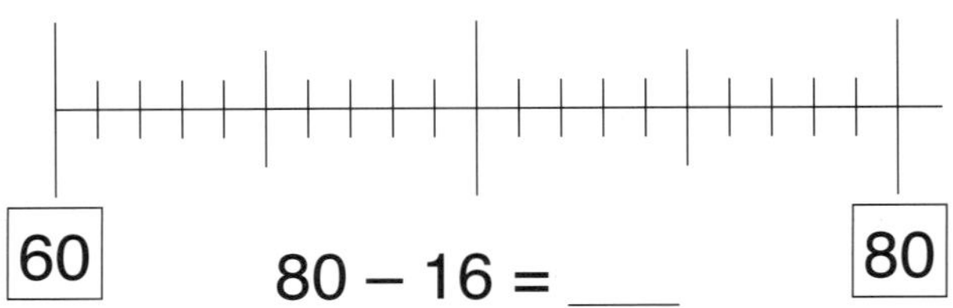

80 – 16 = ____

b

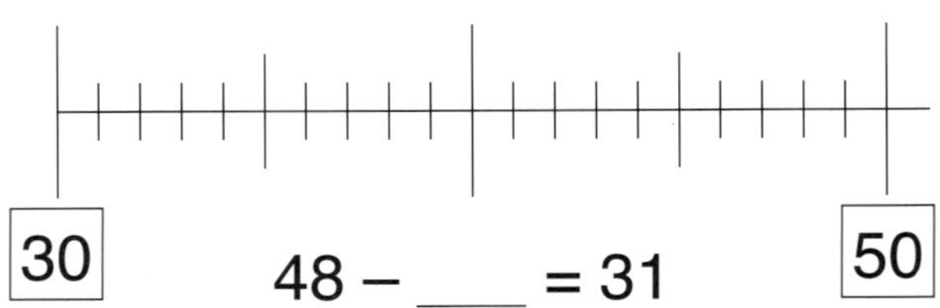

48 – ____ = 31

32 Multiplikatives Verständnis

Name: ____________________

1 Finde die passenden Aufgaben.

a

2 + __ + __ = ____

____ · ____ = ____

b

__ + __ + __ + __ = ____

____ · ____ = ____

c

__ + __ + __ = ____

____ · ____ = ____

2 Male die Karten, die zusammengehören, in derselben Farbe an.

21	7 + 7 + 7	18	7 · 5	9 + 9	3 · 7
2 · 9	5 + 5 + 5 + 5 + 5 + 5 + 5	35			

3 Welche Malaufgaben passen zu den Punktebildern?

a

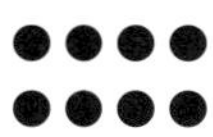

____ · ____ = ____

____ · ____ = ____

b

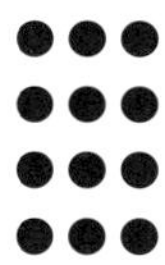

____ · ____ = ____

____ · ____ = ____

c

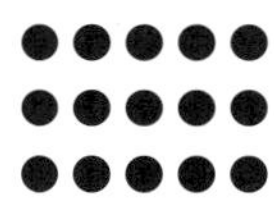

____ · ____ = ____

____ · ____ = ____

4 Zeichne zu jeder Aufgabe ein passendes Bild und rechne.

a

5 · 2 = ____

b

3 · 6 = ____

c

4 · 4 = ____

33 Aufgaben des kleinen Einmaleins

Name: ____________________

1 Rechne.

a	b	c	d
$3 \cdot 4 =$ ____	$6 \cdot 7 =$ ____	$8 \cdot 4 =$ ____	$9 \cdot 3 =$ ____
$5 \cdot 8 =$ ____	$7 \cdot 2 =$ ____	$0 \cdot 6 =$ ____	$1 \cdot 9 =$ ____
$6 \cdot 6 =$ ____	$3 \cdot 8 =$ ____	$7 \cdot 8 =$ ____	$2 \cdot 8 =$ ____
$9 \cdot 4 =$ ____	$5 \cdot 5 =$ ____	$3 \cdot 6 =$ ____	$7 \cdot 5 =$ ____
$8 \cdot 8 =$ ____	$7 \cdot 4 =$ ____	$5 \cdot 1 =$ ____	$10 \cdot 6 =$ ____

2 Schreibe die Ergebnisse der Reihen auf.

a 2er-Reihe: ____________________

b 6er-Reihe: ____________________

c 9er-Reihe: ____________________

3 Kreise ein: Zahlen der 4er-Reihe schwarz, der 5er-Reihe gelb und der 8er-Reihe grün.

12 81 35 17

5 40 32 50

8 25 16 27

4 Welche Zahlen sind es?

a Zahlen der 4er- und der 5er-Reihe: ____________________

b Zahlen der 3er- und der 6er-Reihe: ____________________

c Zahlen der 2er- und der 7er-Reihe: ____________________

34 Verständnis der Division

Name: ______________________

1 Kreise ein und finde die passenden Aufgaben.

a

9 : 3 = _____

b

_____ : _____ = _____

c

_____ : _____ = _____

2 Zeichne Punkte, kreise ein und löse die Aufgaben.

a

16 : 4 = _____

b

12 : 2 = _____

c

21 : 7 = _____

3 In der Klasse 2c sind 24 Kinder. Die Kinder werden in Gruppen aufgeteilt.

		Gruppen
a 24 : 4	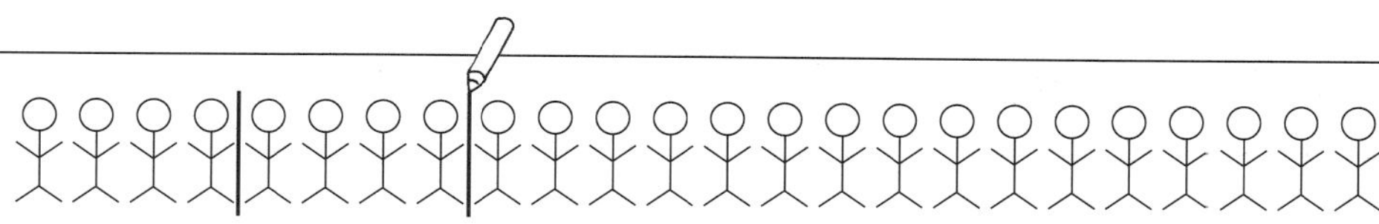	
b 24 : 2	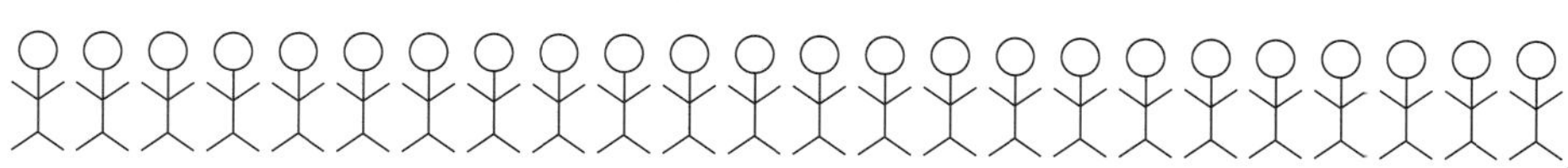	
c 24 : 6	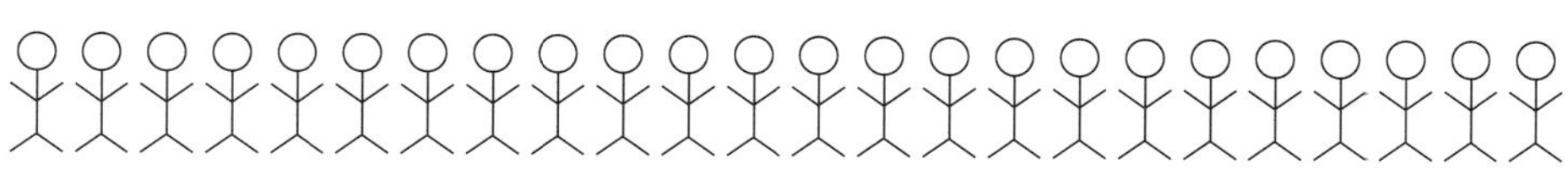	
d 24 : 8	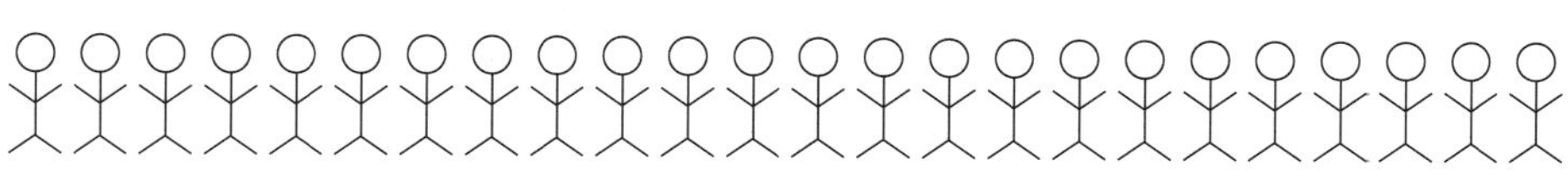	
e 24 : 3	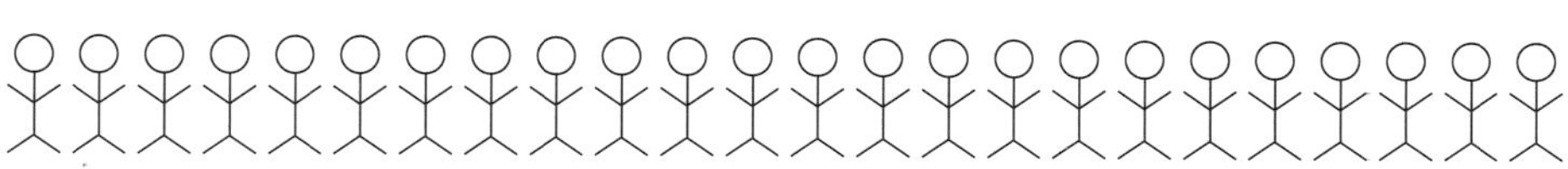	
f 24 : 7	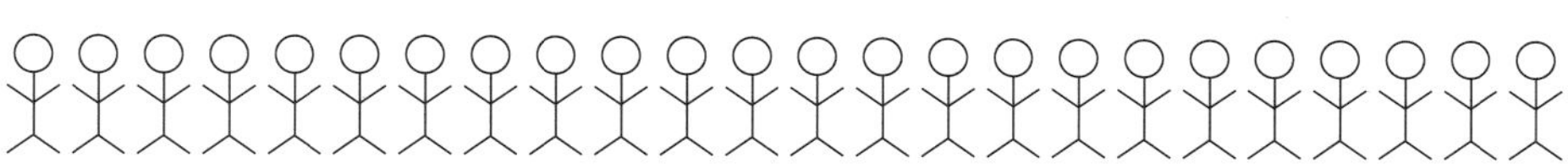	

35 Aufgaben des kleinen Einsdurcheins

Name: ____________________

1 Rechne.

a	b	c	d
36 : 6 = ____	12 : 3 = ____	81 : 9 = ____	40 : 4 = ____
8 : 1 = ____	49 : 7 = ____	32 : 8 = ____	54 : 6 = ____
21 : 7 = ____	27 : 3 = ____	45 : 5 = ____	6 : 6 = ____
14 : 2 = ____	64 : 8 = ____	36 : 9 = ____	100 : 10 = ____

2 Finde passende Malaufgaben.

a	b	c
18 = ____________	24 = ____________	7 = ____________
81 = ____________	15 = ____________	42 = ____________
90 = ____________	29 = ____________	28 = ____________
0 = ____________	56 = ____________	54 = ____________

3 Bilde immer 3 Aufgaben und rechne sie aus. Es darf kein Rest bleiben.

a

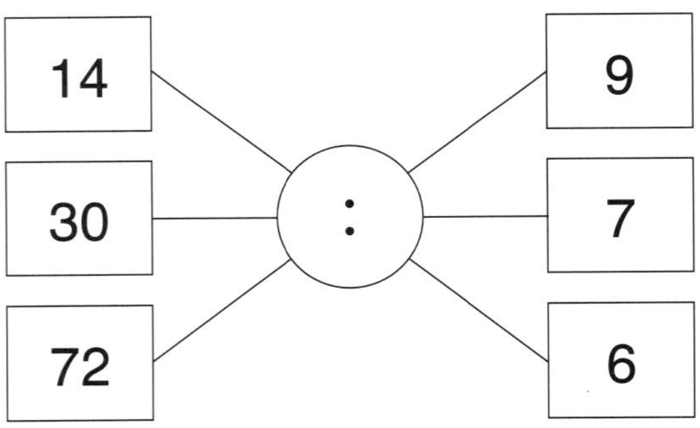

14 : ____________________

____

____

b

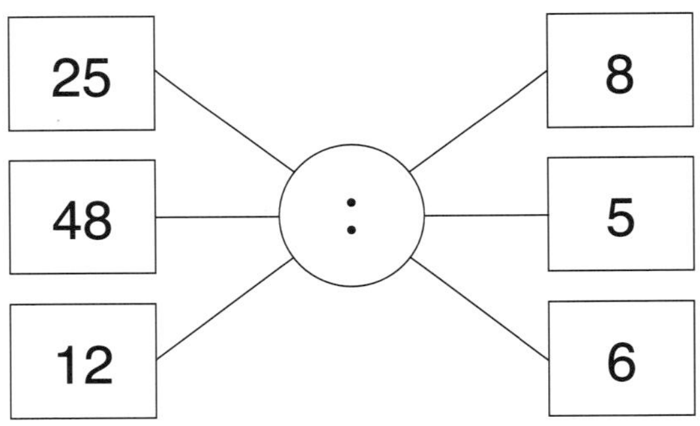

____

____

____

4 Welche Zahlen zwischen 30 und 40 gehören zu keiner Reihe des kleinen Einmaleins?

____

36 Aufgabenfamilien (Multiplikation/Division)

Name: ______________________

1 Trage die Aufgabenfamilien ein.

a

18	
9	2
9 · 2	
2 · 9	
18 : 9	
18 : 2	

b

60	
6	

c

9	5

d

42	

2 In den Türmen sind die Aufgabenfamilien durcheinander geraten.
Male die Aufgaben, die zu einer Familie gehören, in einer Farbe an.

3 · 7	6 · 4	10 : 5	32 : 4
8 · 4	7 · 3	32 : 8	21 : 7
24 : 4	5 · 2	4 · 6	4 · 8
10 : 2	21 : 3	24 : 6	2 · 5

3 Fülle die Tabellen aus.

a

·		7		9		6
4	16				4	
6			30			

b

·	5		8			7
2		20			4	
7				0		

4 Welche Familien haben nur zwei Aufgaben?

____

____

37 **Zerlegung von Geldbeträgen im Zahlenraum bis 100 (1)** Name: ____________

1 Mit welchen Münzen kannst du den Betrag legen? Trage die Zahlen ein.

a	b
20 ct ◯ ◯ ◯	20 ct ◯ ◯ ◯ ◯
40 ct ◯ ◯ ◯ ◯	40 ct ◯ ◯ ◯ ◯ ◯
50 ct ◯ ◯ ◯	50 ct ◯ ◯ ◯ ◯
80 ct ◯ ◯ ◯	80 ct ◯ ◯ ◯ ◯ ◯ ◯

Zerlegung von Geldbeträgen im Zahlenraum bis 100 (2)

Name: ____________________

2 Wie kannst du die Beträge legen? Finde verschiedene Möglichkeiten. Mache für jede Münze oder jeden Schein, den du brauchst, ein Kreuz.

Betrag					
20 €				XX	
20 €					
20 €					
20 €					
25 €					
25 €					
30 €					
30 €					
30 €					
50 €					
50 €					
80 €					
80 €					
80 €					

3 Lege die beiden Beträge mit möglichst wenigen Scheinen und Münzen. Zeichne deine Lösungen auf.

a 86 €

b 44 €

38 Rechnen mit Geld im Zahlenraum bis 20

Name: ____________________

1 Rechne. Achte auf + und –.

a

15 € – 4 € + 1 € = _____

3 € + 8 € – 4 € = _____

13 € + 7 € – 5 € = _____

2 € + 14 € – 16 € = _____

b

20 € – _____ = 11 €

8 € + _____ = 17 €

_____ – 5 € = 12 €

_____ + 9 € = 16 €

2 Überlege dir die Rechnung und rechne aus.

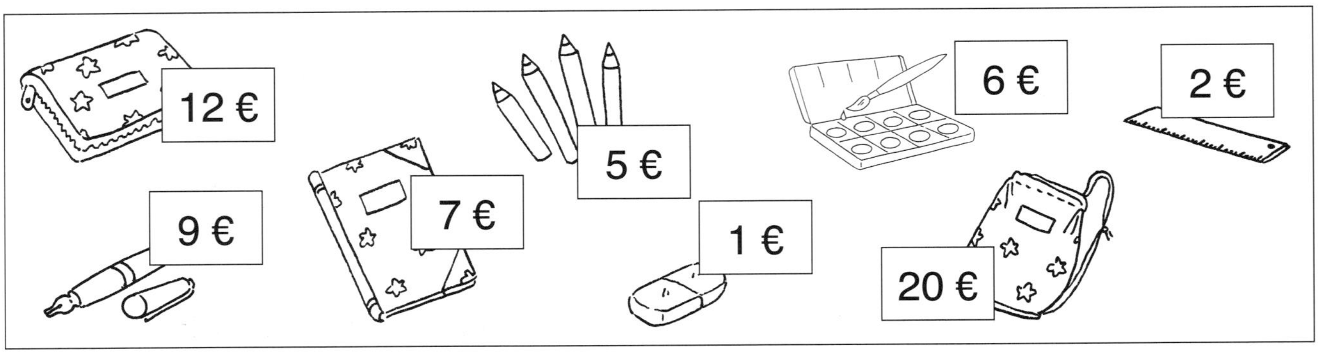

a Christian kauft ein Mäppchen und eine Sammelmappe.

b Susanne kauft Buntstifte und einen Füller. Sie bezahlt mit einem 20-Euro-Schein.

c Du hast 17 €. Für 2 € willst du ein Eis kaufen. Das restliche Geld gibst du für Schulsachen aus. Was könntest du kaufen?

39 Rechnen mit Geld im Zahlenraum bis 100

Name: ____________________

1 Rechne. Achte auf + und –.

a

20 € – 5 € + 17 € = ____

50 € + 18 € – 14 € = ____

24 € + 12 € – 15 € = ____

75 € + 20 € – 33 € = ____

b

60 € – ____ = 15 €

38 € + ____ = 64 €

____ – 15 € = 40 €

____ + 23 € = 72 €

2 Überlege dir die passende Rechnung und rechne aus.

Freibad Eintrittspreise		
	Kind	Erwachsener
Einzelpreis	4 €	5 €
Zehnerkarte	30 €	40 €
Jahreskarte	50 €	80 €

a Jonas feiert seinen Geburtstag und lädt 5 Freunde ins Freibad ein. Jonas' Eltern begleiten die Kinder.

b Simon geht oft ins Schwimmbad. Sein Vater kauft ihm eine Jahreskarte und für sich selbst eine Zehnerkarte.

c Gabi geht in den Sommerferien zweimal pro Woche ins Freibad. Welche Karte würdest du an ihrer Stelle kaufen? Begründe!

40 Längen messen und zeichnen

Name: ____________________

1 Miss die Längen der Gegenstände und notiere deine Ergebnisse.

a  ____ cm

b  ____ cm

c 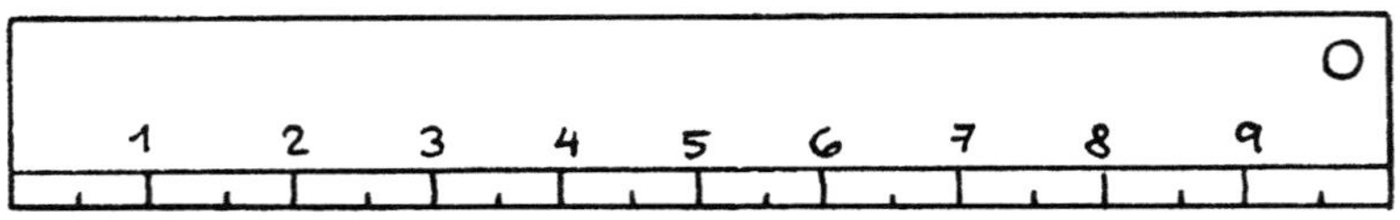

____ cm

d  ____ cm

e  ____ cm

2 Miss die Strecken.

a ____

b ____

c ____

d ____

e ____

f ____

Sortiere die Strecken nach ihrer Größe. Beginne mit der kürzesten.

____

3 Zeichne die Strecken.

a 10 cm b 5 cm c 14 cm d 2 cm e 7 cm f 3 cm

a

b

c

d

e

f

41 Rechnen mit Längen im Zahlenraum bis 100

Name: ______________________

1 Rechne.

a

40 m + 23 m – 15 m = ______

83 m – 55 m + 20 m = ______

27 cm + 28 cm – 15 cm = ______

62 cm – 23 cm + 19 cm = ______

b

70 m – ______ = 36 m

12 m + ______ = 48 m

______ + 24 cm = 80 cm

______ – 39 cm = 34 cm

2 Jan, Lisa, Jonas und Marie haben bei den Bundesjugendspielen Weitwurf gemacht. Ihre Ergebnisse tragen sie in eine Tabelle ein.

	1. Wurf	**2. Wurf**	**3. Wurf**
Jan	41 m	38 m	40 m
Jonas	12 m	17 m	20 m
Marie	16 m	18 m	15 m
Lisa	28 m	35 m	33 m

a Wie weit ist der weiteste und wie weit der kürzeste Wurf?

____

b Wie groß ist der Unterschied zwischen dem weitesten und dem kürzesten Wurf?

____

c Jonas und Marie überlegen, wer von ihnen weiter geworfen hat, wenn sie alle ihre Würfe zusammenrechnen.

____

3

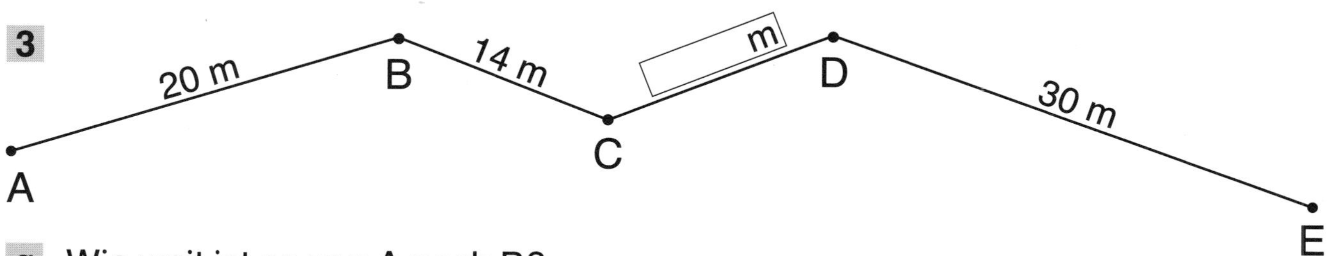

a Wie weit ist es von A nach B? ______________________

b Wie weit ist es von A nach C? ______________________

c Wie weit ist es von A nach D, wenn es von A nach E 80 m sind?

____

Uhrzeiten (halbe Stunden, viertel Stunden)

Name: ____________________

1 Schreibe beide Uhrzeiten auf. Schreibe die Uhrzeit auch in Worten.

a	b	c

4.30 Uhr		
16.30 Uhr		
halb fünf		

d	e	f

2 Zeichne die Zeiger ein und schreibe die Uhrzeit in Worten dazu.

a	b	c
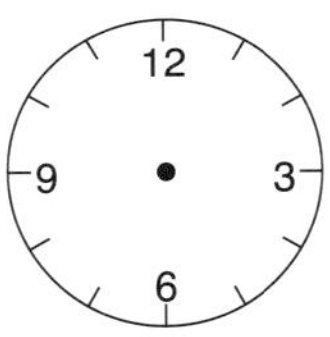	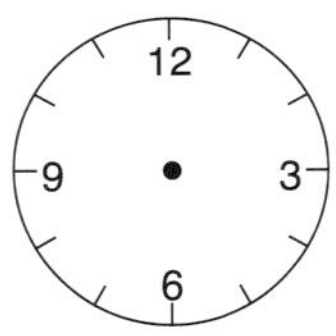	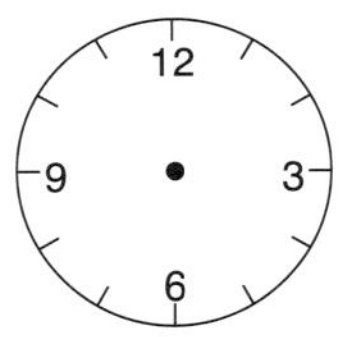
5.45 Uhr	3.30 Uhr	12.15 Uhr
viertel vor sechs		

d	e	f
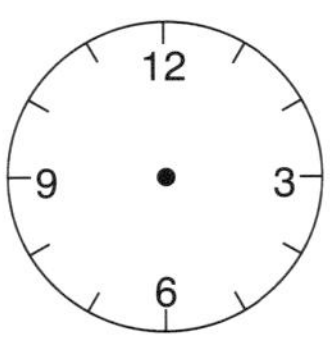	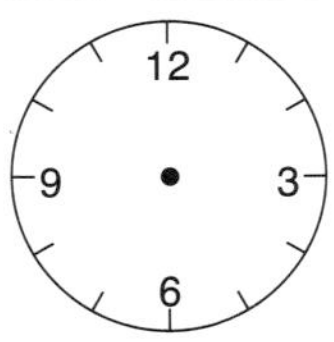	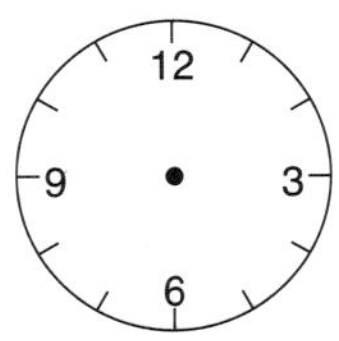
1.15 Uhr	11.30 Uhr	6.45 Uhr

43 Berechnen von Zeitspannen und Bestimmen von Zeitpunkten (1)

Name: ____________________

1 Wie viel Zeit ist vergangen? Schreibe auf die Pfeile.

a
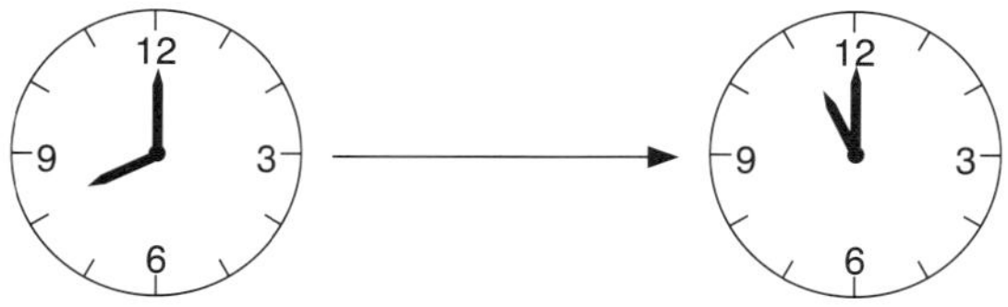

b
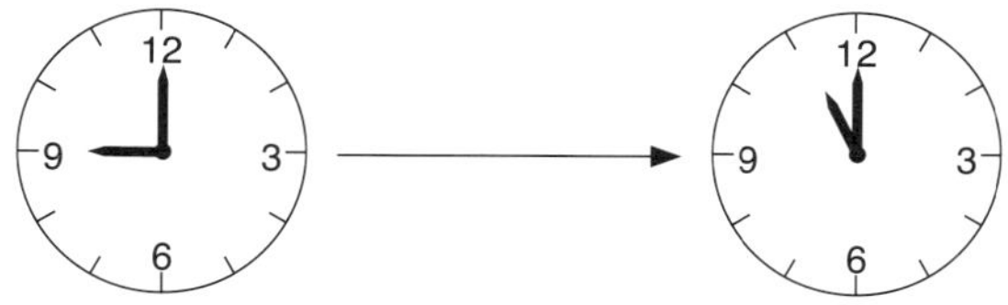

c
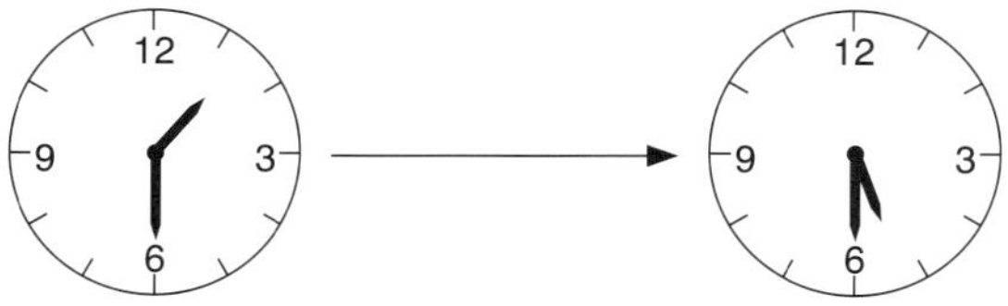

d
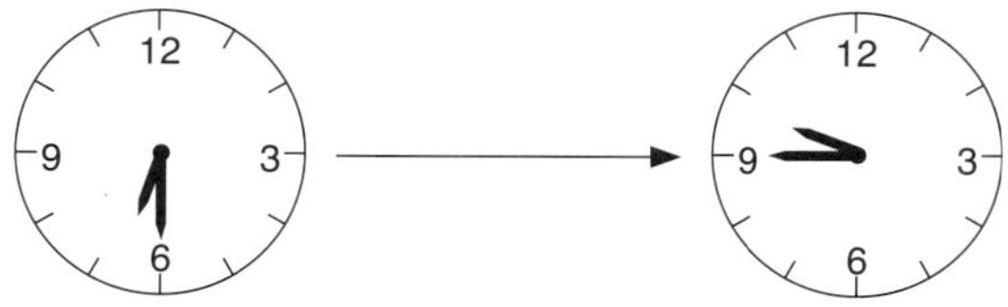

e
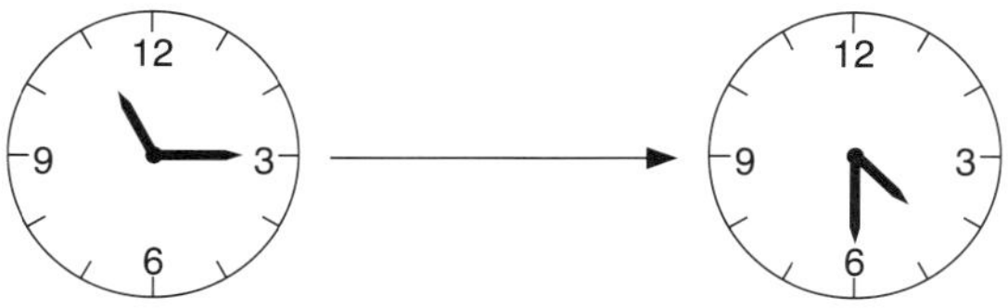

f
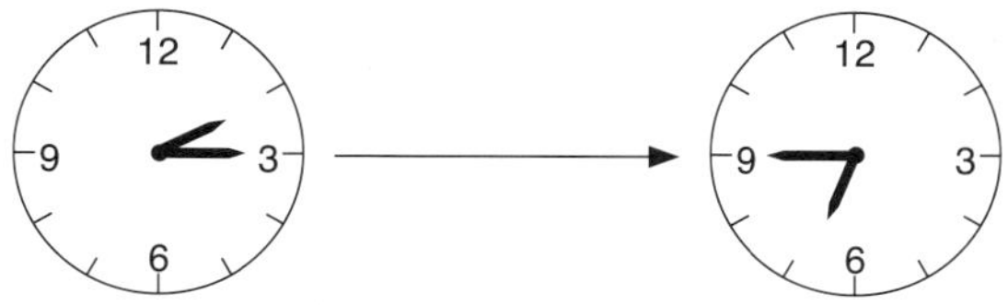

2 Zeichne die Uhrzeit ein und schreibe sie als Zahl daneben.

a

Es vergehen 4 Stunden.
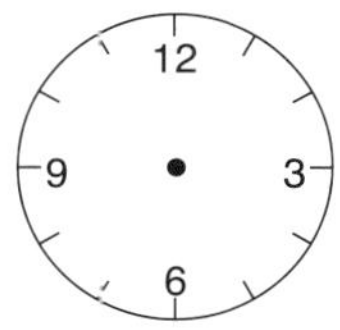
9 Uhr

b

Es vergehen 9 Stunden.
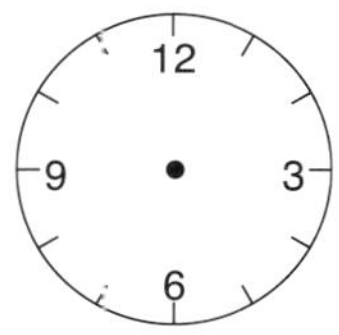
____

c

Es vergehen 3 Stunden und 30 Minuten.
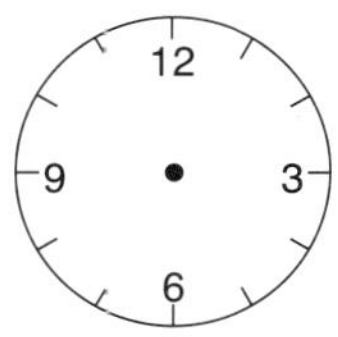
____

d
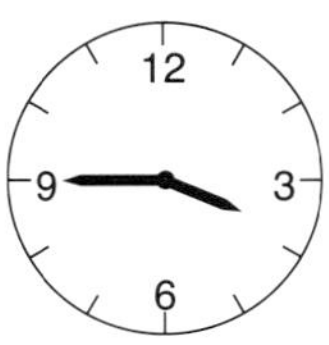
Es vergehen 11 Stunden und 45 Minuten.
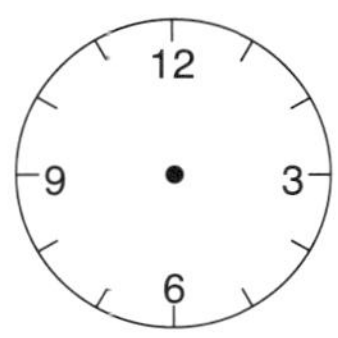
____

43 Berechnen von Zeitspannen und Bestimmen von Zeitpunkten (2)

Name: ____________________

3 Tina fährt um 7.15 Uhr mit dem Bus zur Schule. Der Bus kommt um 7.40 Uhr an der Schule an. Um 8.00 Uhr beginnt Tinas Unterricht. Um 12.30 Uhr ist die Schule vorbei. Tinas Bus fährt um 12.40 Uhr vor der Schule ab. Um 13.15 Uhr ist Tina wieder zu Hause.

a Wie lange fährt Tina im Bus zur Schule?

b Wie lange dauert Tinas Unterricht?

c Eine Stunde und 30 Minuten, nachdem Tina nach Hause kommt, trifft sie sich mit ihrer Freundin.

d Wie lange läuft Tina von der Bushaltestelle nach Hause?

44 Anwendung von Addition und Subtraktion im Zahlenraum bis 100

Name: ______________________

1 Lena und Ali haben Kastanien gesammelt. Lena hat in ihrem Karton 38 Kastanien. Ali konnte 23 Kastanien finden.

Frage:

Antwort:

2 Auf einem Klassenfest sind 46 Personen. Vor der großen Aufführung müssen leider 2 Familien gehen. 39 Personen sind noch da.

Frage:

Antwort:

3 Tim wünscht sich ein ferngesteuertes Auto. Das Auto kostet 98 €. Er hat schon 54 € gespart und bekommt zum Geburtstag insgesamt 25 €.

Frage:

Antwort:

45 Anwendung von Multiplikation und Division im Zahlenraum bis 100

Name: ____________________

1 8 Kinder wollen Tretboot fahren. Immer 4 Kinder passen in ein Boot.

Frage:

Antwort:

2 Beim gemeinsamen Klassenfrühstück sollen 50 Brötchen gerecht auf die 5 Gruppentische aufgeteilt werden.

Frage:

Antwort:

3 Moritz hat ein Spielbrett mit weißen und schwarzen Feldern gemalt. Hier siehst du nur ein Stück des Spielbretts:

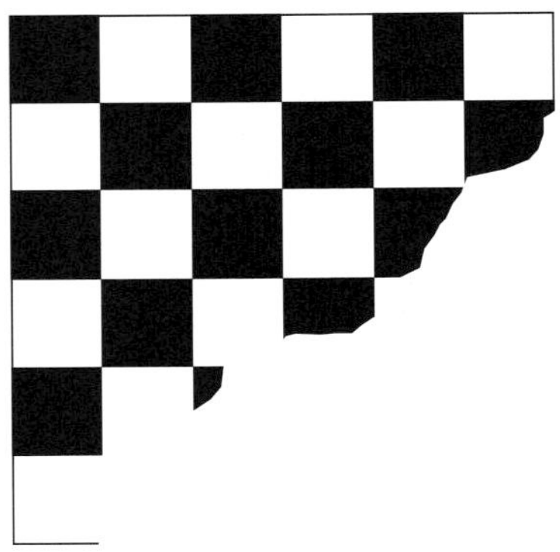

Frage: Wie viele Flächen hat er insgesamt weiß angemalt?
Wie viele Flächen musste er schwarz anmalen?

Antwort:

46 Anwendung der vier Grundrechenarten im Zahlenraum bis 100

Name: ______________________

1 In der Klasse 2b gibt es 5 Tischgruppen. An jeder Tischgruppe sitzen 4 Kinder. 2 Kinder sind heute krank.

Frage: Wie viele Kinder sind heute in der Klasse 2b?

Antwort:

2 Florian kauft beim Bäcker jeden Morgen 7 Brötchen.
Ein Brötchen kostet 0,25 €.

Frage: Wie viele Brötchen kauft Florian in einer Woche?

Antwort:

Frage: Wie viel bezahlt Florian jeden Tag für die Brötchen?

Antwort:

3 Laura ist 20 Jahre jünger als ihr Onkel. Ihr Onkel ist 30 Jahre alt. Lauras Oma ist doppelt so alt wie Lauras Onkel.

_____ Jahre

_____ Jahre

_____ Jahre

Tabellen und Schaubilder (1)

Name: ______________________

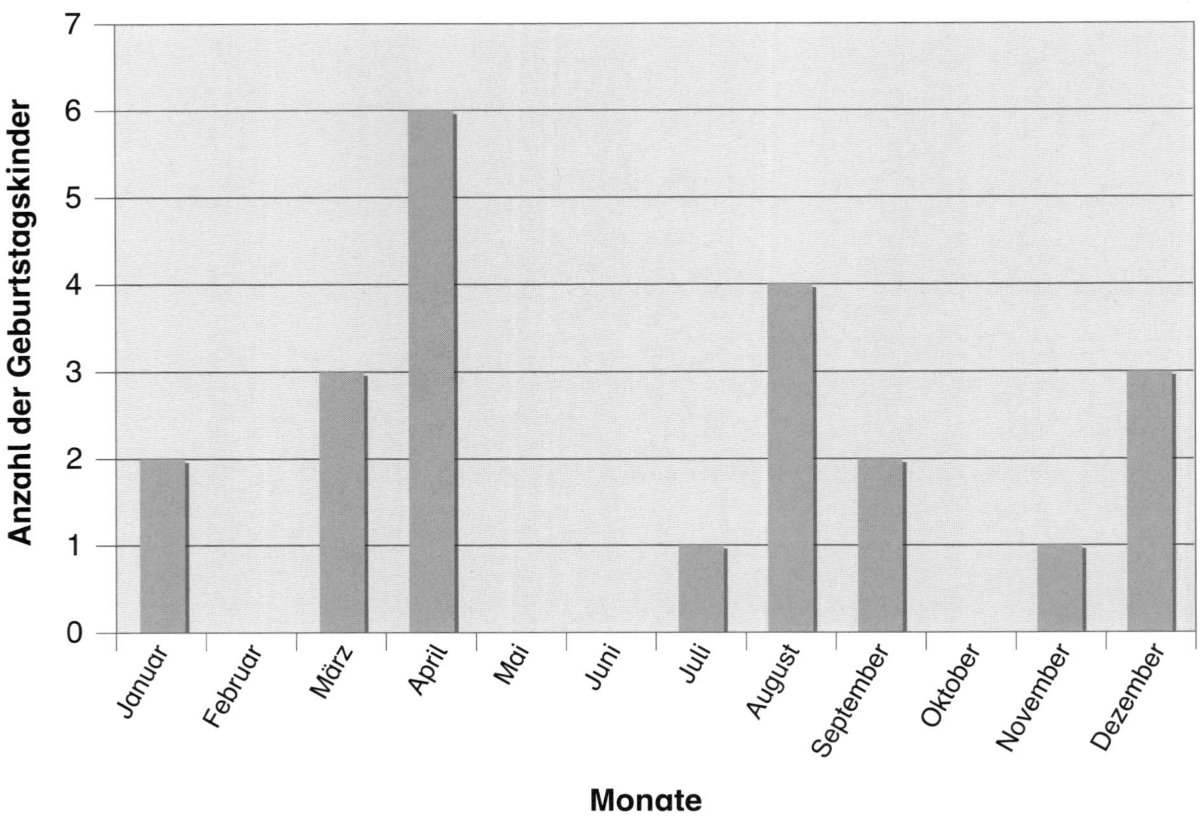

1 Beantworte die Fragen.

a In welchem Monat haben die meisten Kinder der 2f Geburtstag?

____

b In welchen Monaten hat kein Kind der 2f Geburtstag?

____

c Wie viele Kinder der 2f haben im August Geburtstag? ______________

d Wie viele der Kinder haben im Dezember Geburtstag? ______________

e Wie viele Kinder besuchen die Klasse 2f? ______________

____

47 Tabellen und Schaubilder (2)

Name: ______________________

2 Denke dir zu dem Säulendiagramm aus Aufgabe **1** selbst zwei Fragen aus.

a ____

b ____

3 Trage die Daten in das Säulendiagramm unten ein.

Haustier	Anzahl der Kinder
Hund	4
Pferd	2
Katze	3
Hase	5
Hamster	1
kein Haustier	7

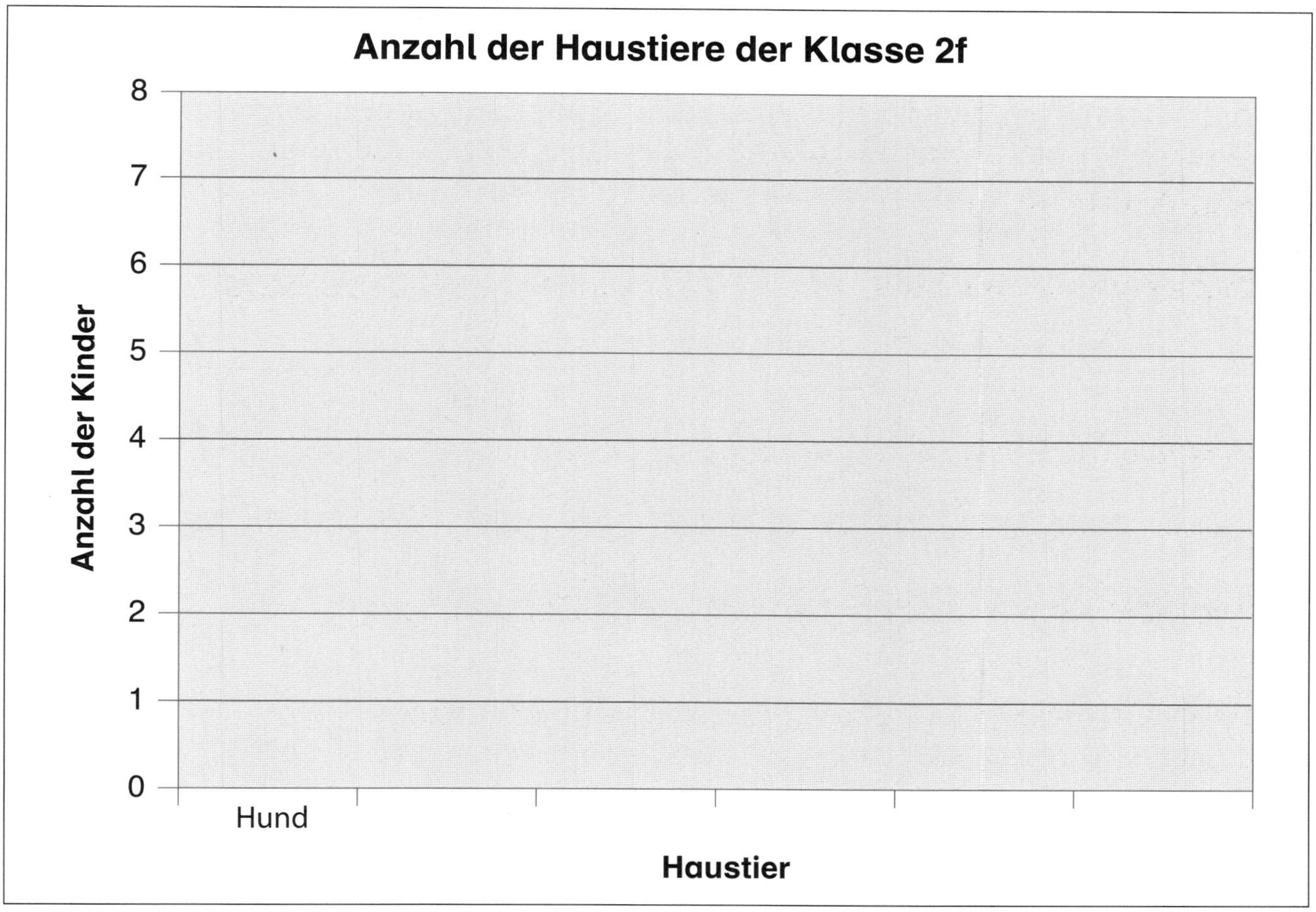

Kombinatorik

Name: ____________________

1 An Tims Geburtstag gibt es Pizza. Es stehen vier Beläge zur Auswahl: Salami, Schinken, Pilze und Paprika. Jedes Kind darf sich zwei Beläge aussuchen. Welche Möglichkeiten haben die Kinder? Schreibe alle auf.

2 Auf dem Schulhof steht eine Tischtennisplatte. Sechs Kinder beschließen am Nachmittag, ein Turnier zu spielen. Jeder soll gegen jeden spielen. Wie viele Spiele wird es geben? Schreibe die Spielpaarungen auf. Dazu kannst du den Kindern Namen geben, z. B. Tom, Tina …

49 Symmetrie

Name: ______________________

1 Zeichne die Spiegelachsen ein.

a

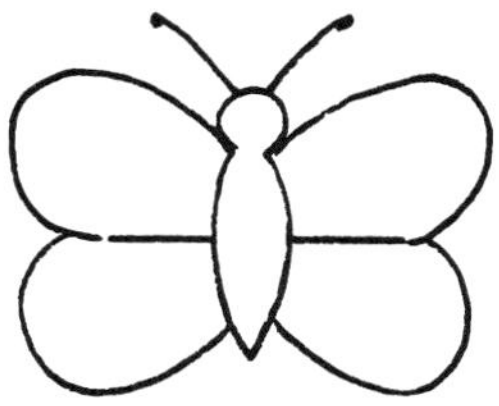

b

c

d

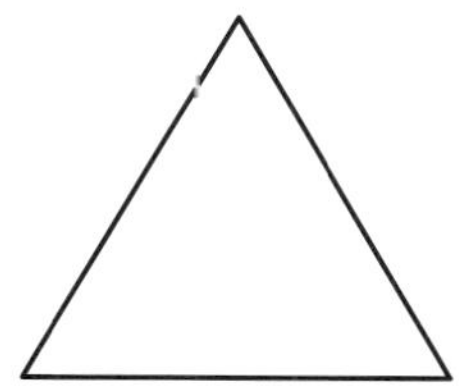

2 Verbinde die zusammengehörigen Hälften.

a

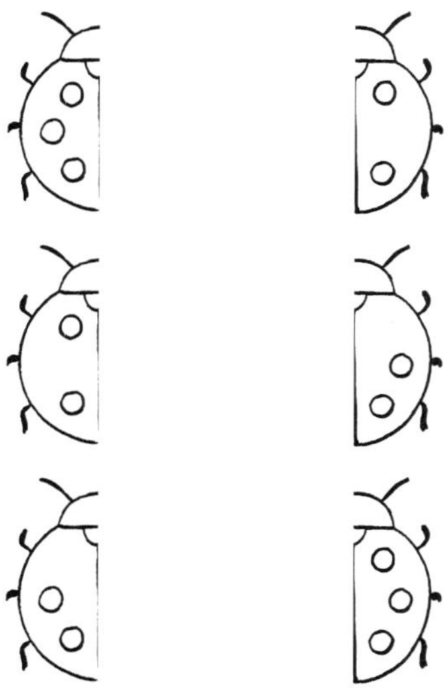

b

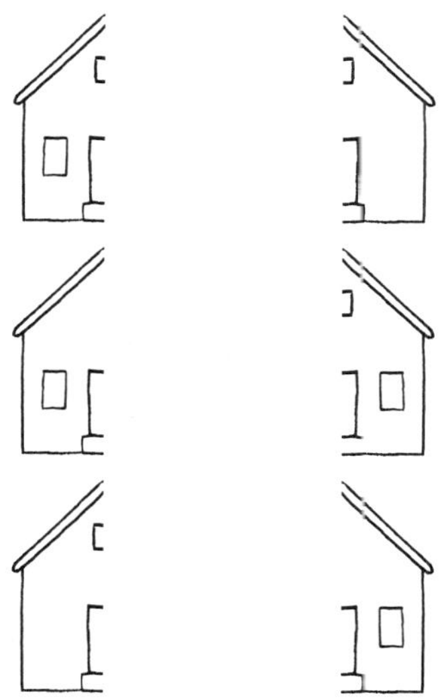

3 Ergänze die Figur.

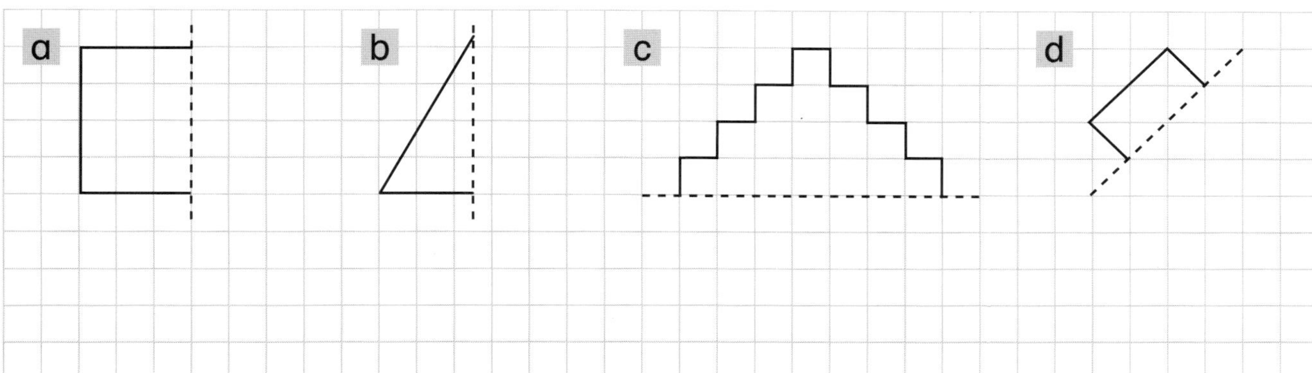

Name: ______________________

1 Male alle Dreiecke rot an, alle Quadrate gelb, alle Rechtecke blau und alle Kreise grün.

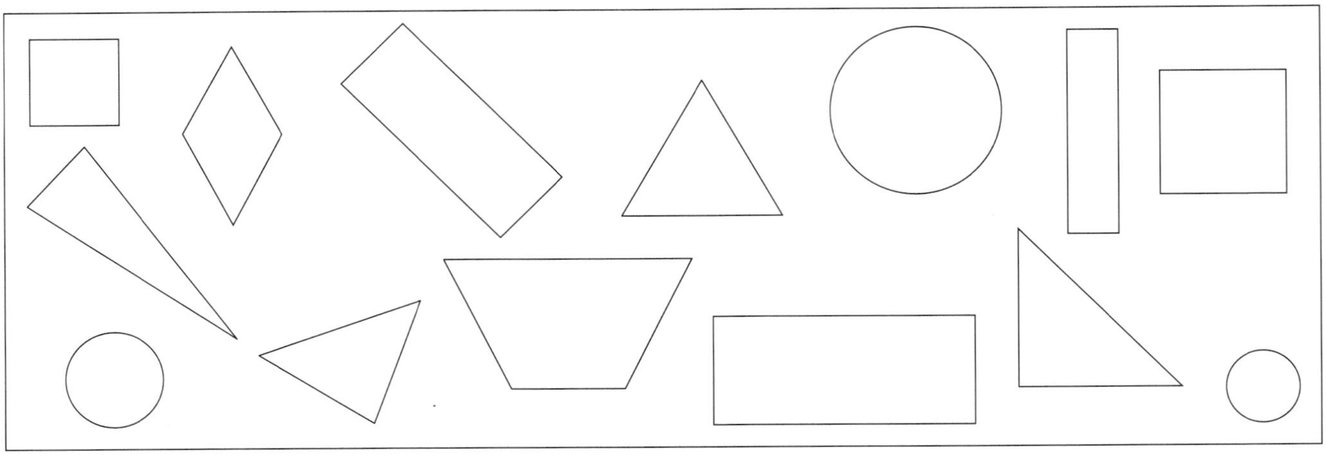

2 Teile das Quadrat in:

a 2 Rechtecke

b 2 Dreiecke

c 4 Dreiecke

d 4 Quadrate

e 1 Rechteck
und 2 Quadrate

f 3 Quadrate
und 2 Dreiecke

3 Ordne die Figuren nach der Größe ihrer Fläche.
Beginne mit der kleinsten Fläche.

a

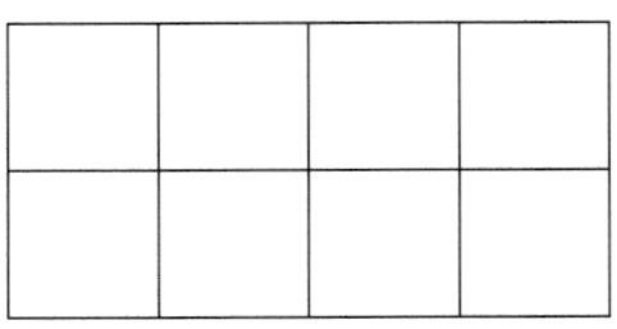

b

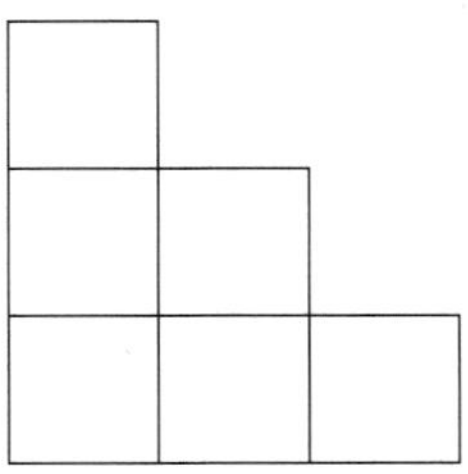

c

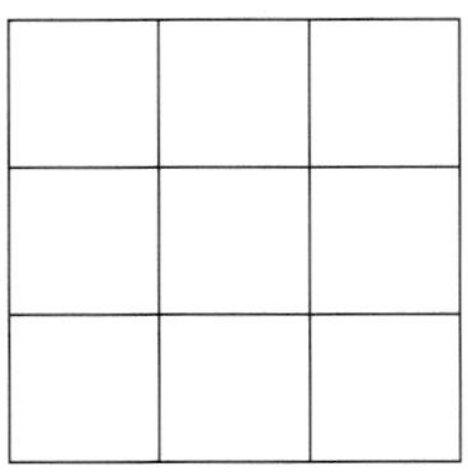

d

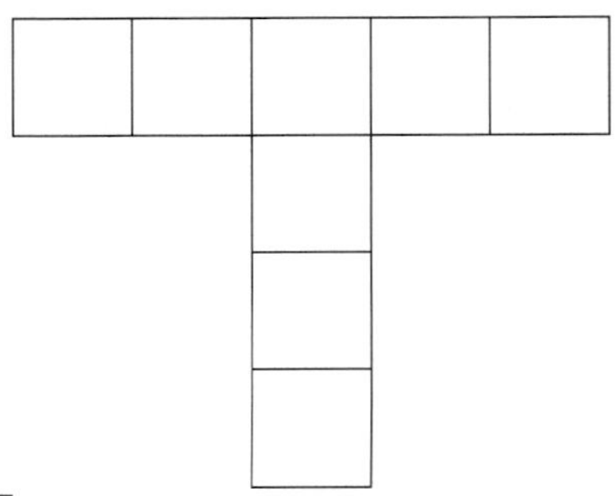

____

51 Körper

Name: ____________________

1 Male alle Quader blau an, alle Würfel rot, alle Kugeln gelb und alle Pyramiden grün.

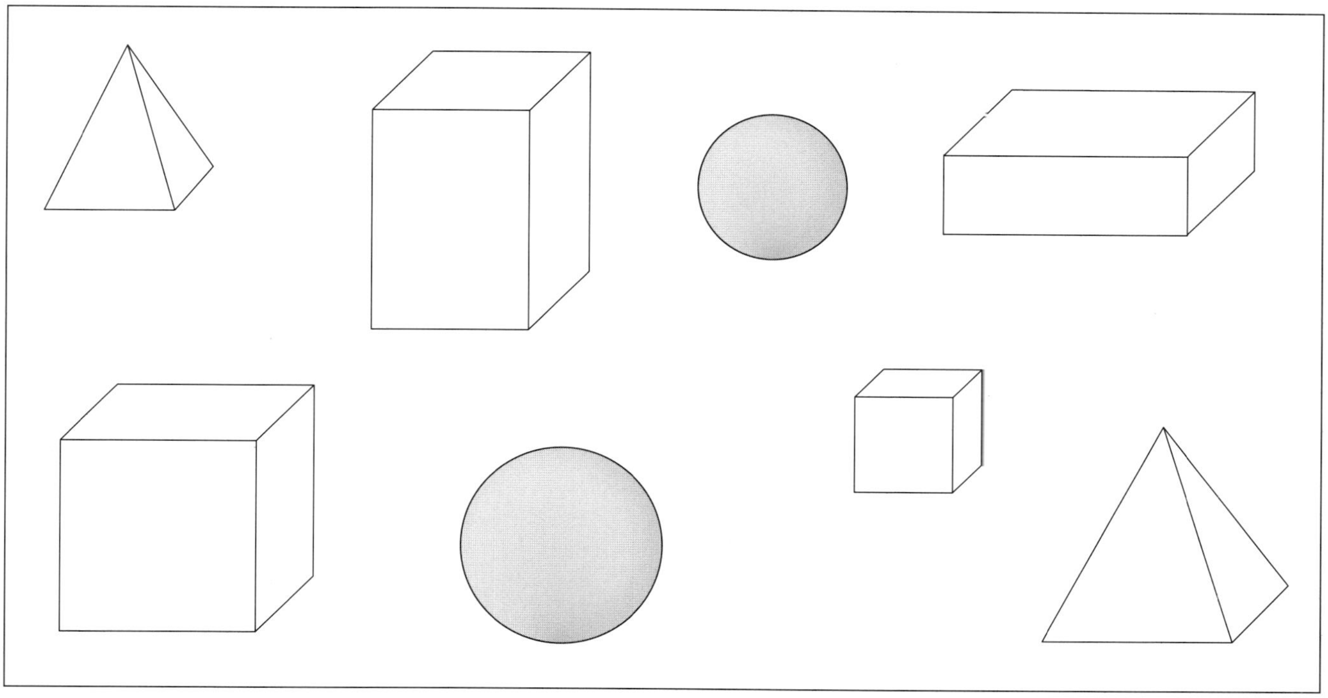

2 Fülle die Tabelle aus.

	Würfel	Quader	Kugel	Pyramide	Kegel	Zylinder
Ecken						
Kanten						
Flächen						

3 Um welchen Körper handelt es sich?

a Meine Flächen sind gleich große Quadrate. ____________________

b Ich habe auch einen Kreis als Fläche. ____________________

c Ich habe 6 Flächen, die aber nicht alle gleich sind. ____________________

d Ich habe auch Dreiecke als Flächen. ____________________

e Ich habe nur 2 Kanten. ____________________

f Ich habe weder Ecken noch Kanten. ____________________

1 Visuelle Wahrnehmung

Name: ________________

1 Zeichne nach.

2 Male alle Bäume aus.

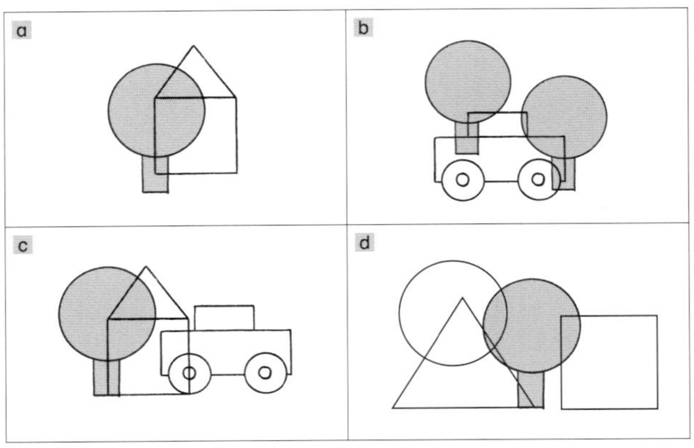

2 Visuelle Wahrnehmung

Name: ________________

1 Male gleiche Dinge mit der gleichen Farbe an.

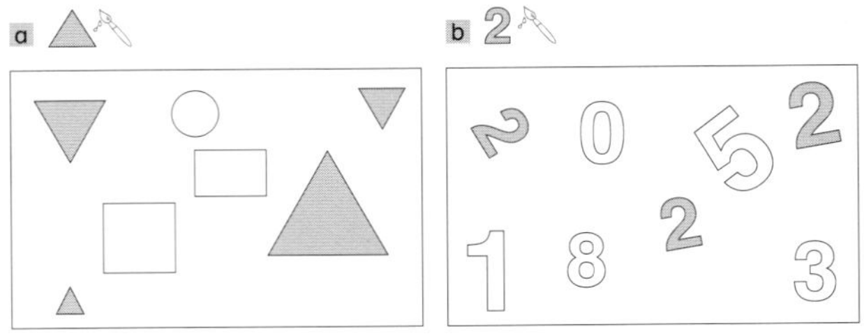

2 Ergänze, was fehlt.

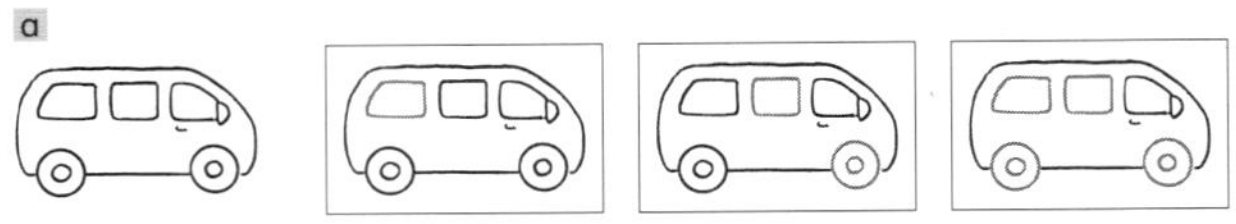

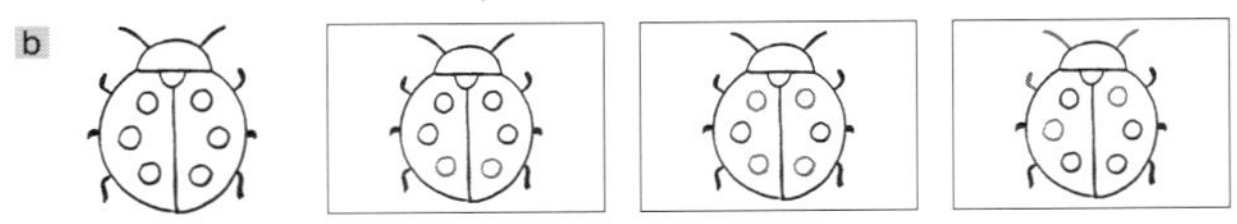

3 Zeichne die Figur im Gitternetz nach.

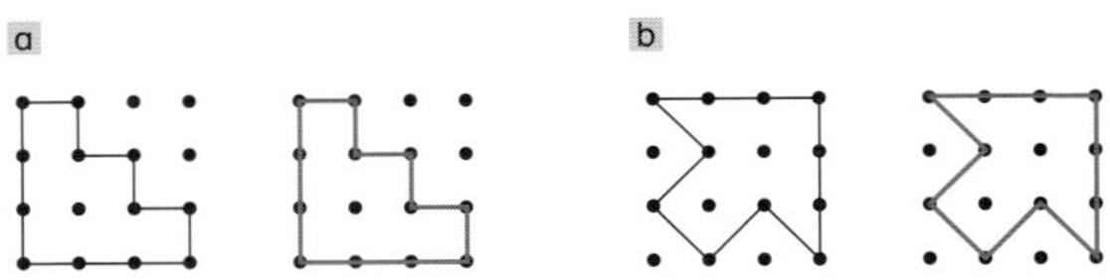

3 Zählen bis 10

Name: ________________

1 Verbinde die Zahlen von 1 bis 10.

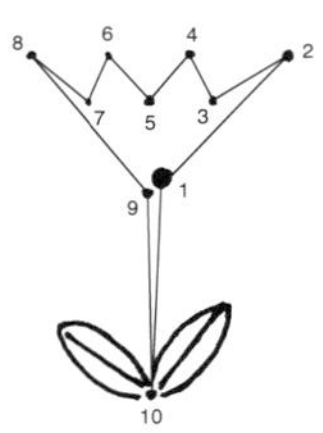

2 Verbinde die Zahlen von 10 bis 1.

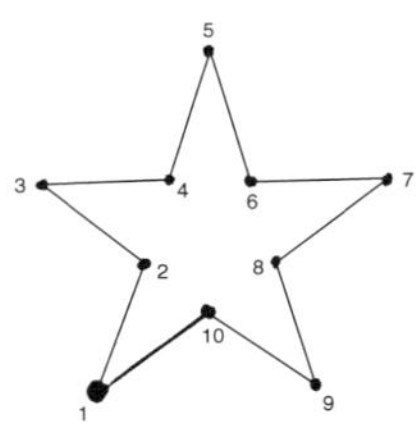

3 Welche Zahlen fehlen?

1	2	3	4	5	6	7	8	9	10
1	2	3	4	5	6	7	8	9	10

4 Welche Zahlen fehlen?

a

2, 3, 4, 5, 6
4, 5, 6, 7, 8
8, 7, 6, 5, 4
10, 9, 8, 7, 6

b

6, 7, 8, 9, 10
1, 2, 3, 4, 5
5, 4, 3, 2, 1
7, 6, 5, 4, 3

5 Vorgänger und Nachfolger: Fülle die Tabelle aus.

a

1	2	3
3	4	5
6	7	8
8	9	10
4	5	6

b

0	1	2
7	8	9
5	6	7
2	3	4
3	4	5

4 Zählen bis 20

Name: ________________

1 Verbinde die Zahlen von 1 bis 20.

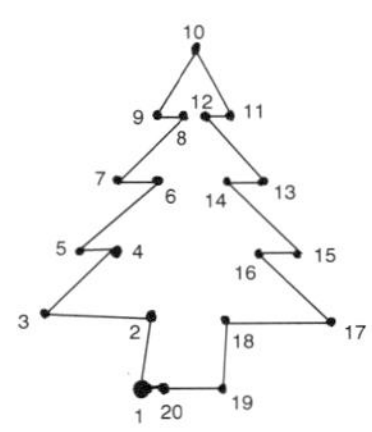

2 Verbinde die Zahlen von 20 bis 1.

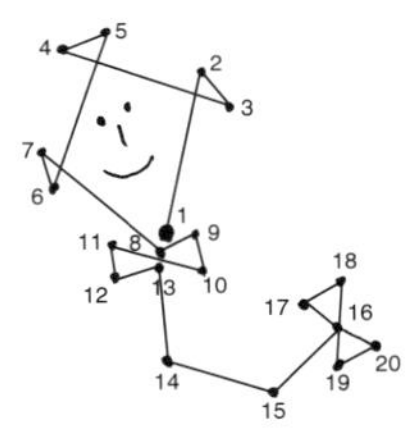

3 Welche Zahlen fehlen?

1	2	3	4	5	6	7	8	9	10
11	12	13	14	15	16	17	18	19	20

4 Welche Zahlen fehlen?

a

13, 14, 15, 16, 17
8, 9, 10, 11, 12
15, 14, 13, 12, 11
10, 9, 8, 7, 6

b

20, 19, 18, 17, 16
14, 15, 16, 17, 18
11, 10, 9, 8, 7
10, 11, 12, 13, 14

5 Vorgänger und Nachfolger: Fülle die Tabelle aus.

a

10	11	12
17	18	19
14	15	16
18	19	20
9	10	11

b

16	17	18
4	5	6
15	16	17
13	14	15
0	1	2

5 Mengenverständnis

Name: ____________

1 Kreise ein.

a Kreise immer 2 Schmetterlinge ein.

b Kreise immer 5 Autos ein.

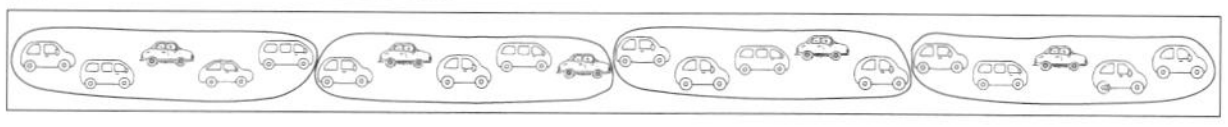

c Kreise immer 6 Blumen ein.

2 Male genauso viele Kreise.

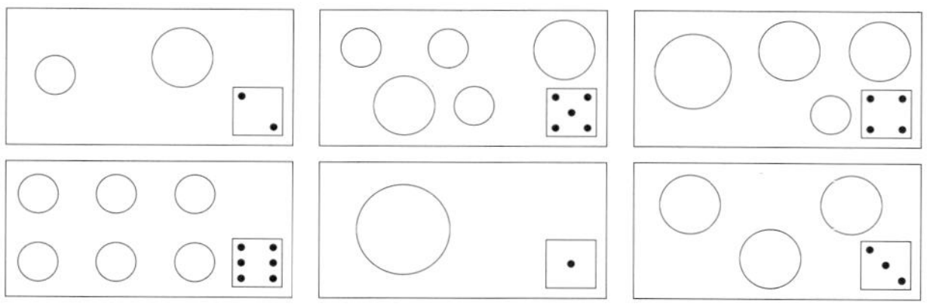

3 Wo siehst du mehr? Male das Kästchen an.

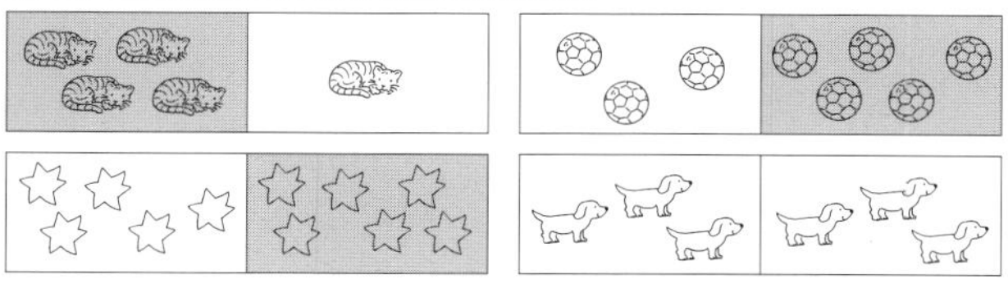

10 Klasse 1: Basisqualifikationen

6 Mengenverständnis

Name: ____________

1 Wie viele?

a **b** **c**

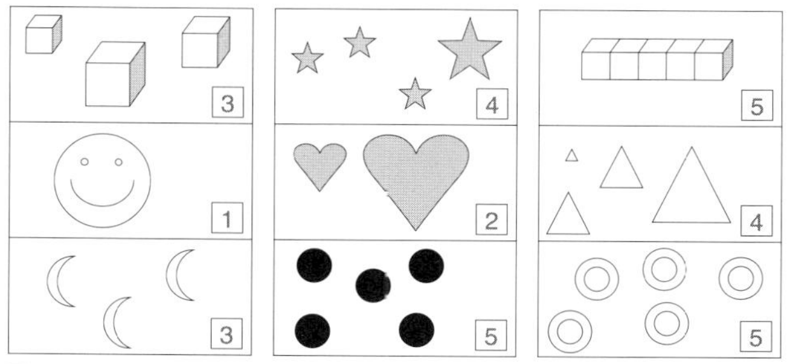

2 Male genauso viele Kreise.

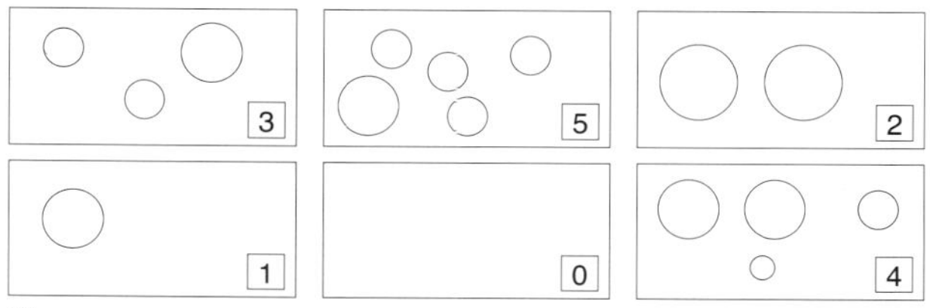

3 Hier stimmt was nicht! Male dazu oder streiche durch.

a **b** **c**

Klasse 1: Basisqualifikationen 11

7 Mengenerfassung im Zahlenraum bis 10

Name: ____________

1 Wie viele?

a **b** **c**

6 4 8

2 Kreise ein.

a **b** **c**

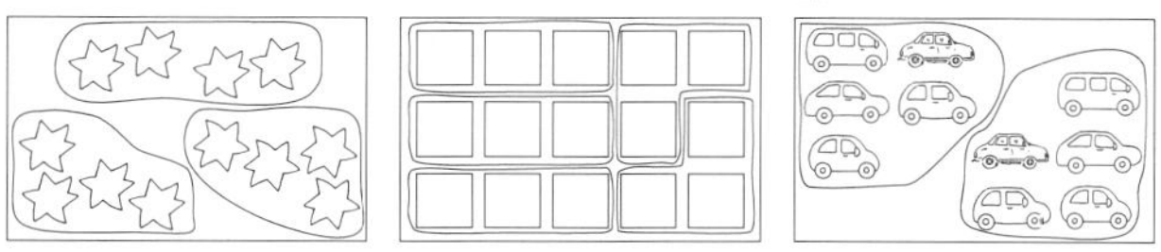

Immer 4 Immer 3 Immer 5

3 Zeichne.

a **b** **c**

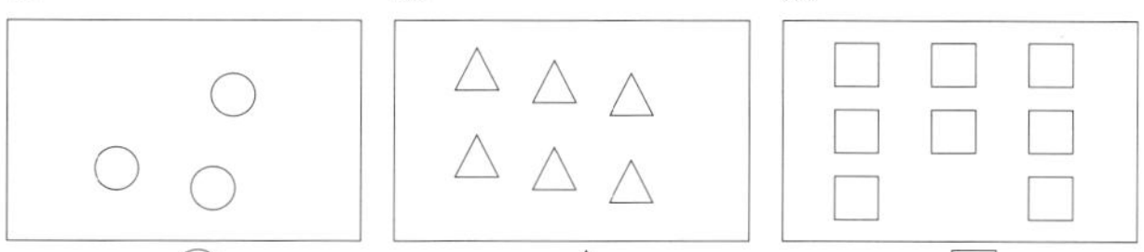

3 ◯ 6 △ 8 □

4 Wie viele?

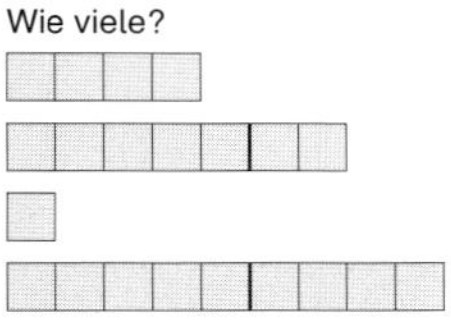

a 4

b 7

c 1

d 9

12 Klasse 1: Zahlen und Operationen

8 Zahlenstrahl im Zahlenraum bis 10

Name: ____________

1 Trage die fehlenden Zahlen ein.

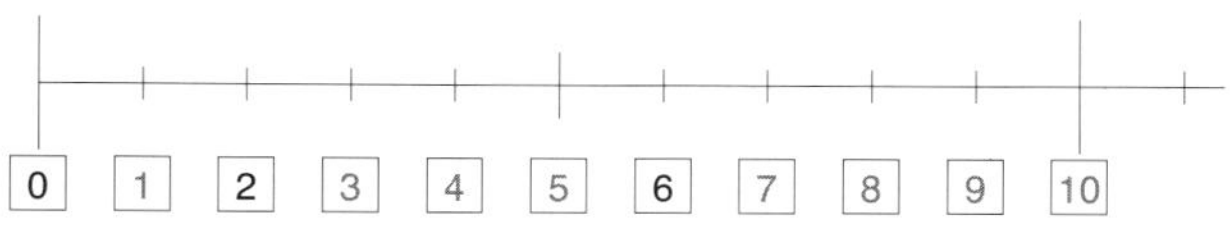

2 Verbinde.

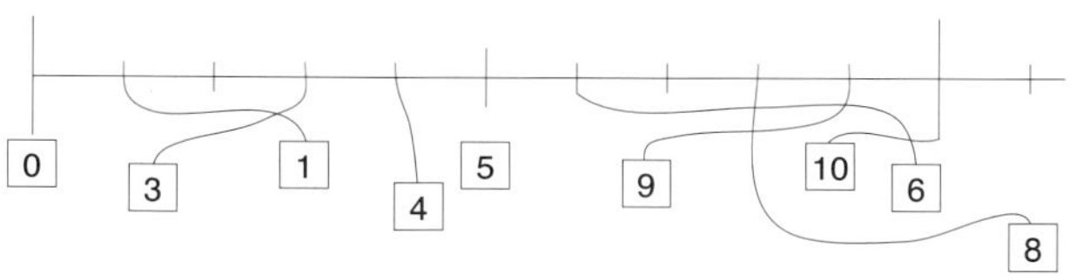

3 Wo ist die Zahl ungefähr?

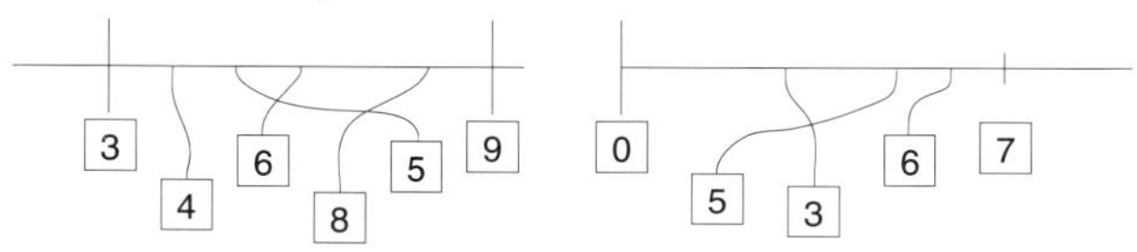

4 Welche Zahl passt?

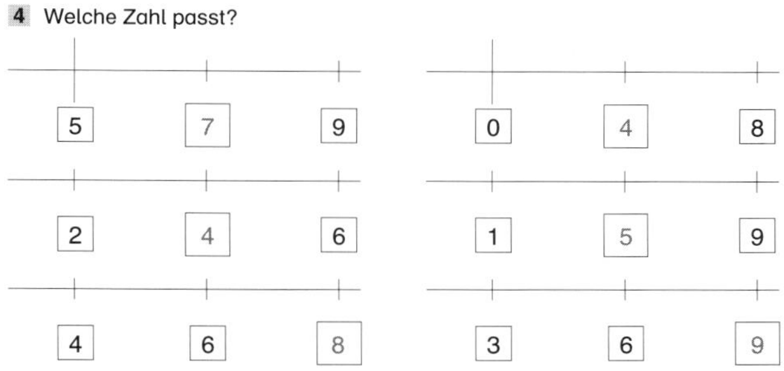

Klasse 1: Zahlen und Operationen 13

9 Zehnerfeld

Name: ____________

1 Wie viele Kästchen sind angemalt?

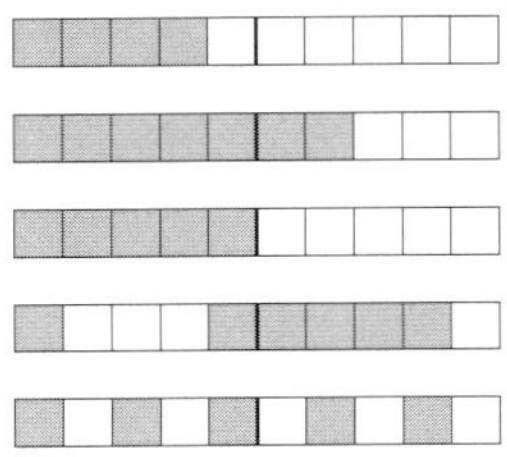

a 4

b 7

c 5

d 6

e 5

2 Male die Kästchen an.

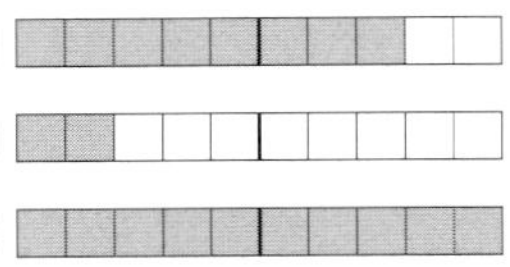

a 8

b 2

c 10

3 Male immer 6 Kästchen an.
Finde verschiedene Möglichkeiten.
(Lösungsbeispiele)

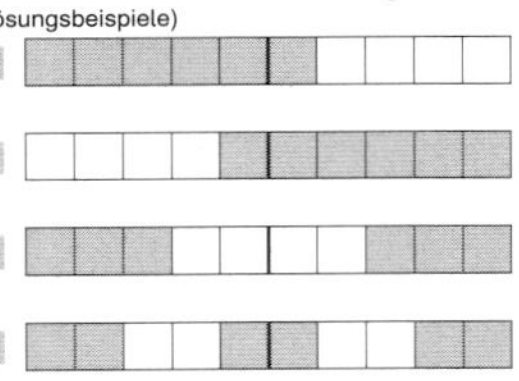

10 Mengenerfassung im Zahlenraum bis 20

Name: ____________

1 Wie viele?

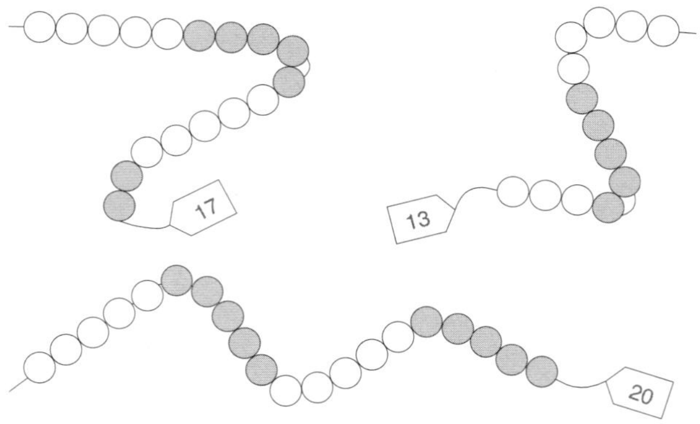

2 Male selbst.

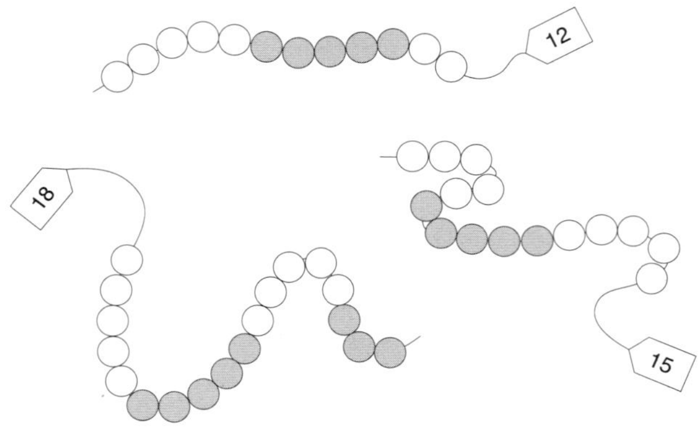

11 Zahlenstrahl im Zahlenraum bis 20

Name: ____________

1 Wo ist die Zahl ungefähr?

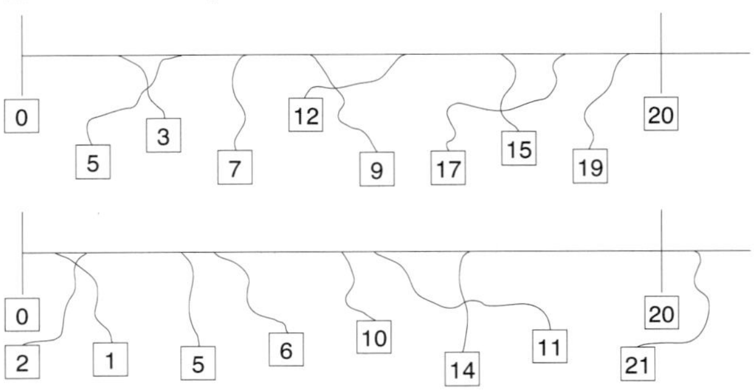

2

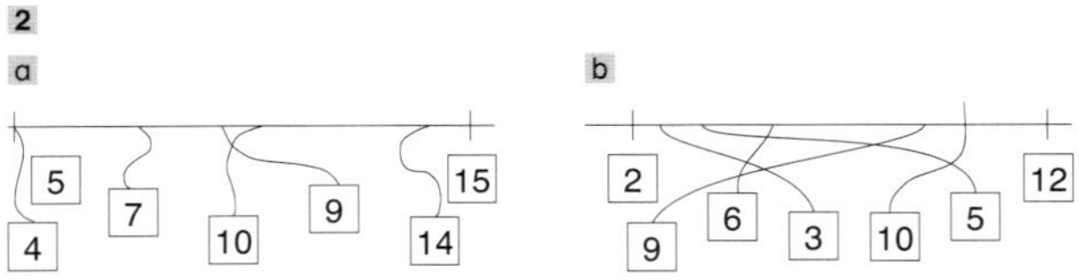

3 Welche Zahl liegt in der Mitte?

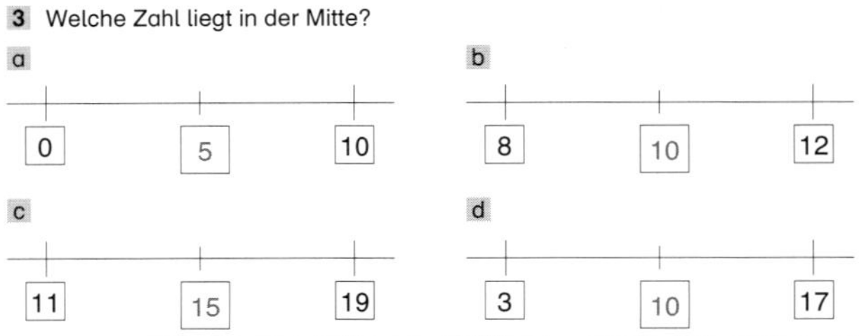

12 Zwanzigerfeld

Name: ____________

1 Wie viele Kästchen sind angemalt?

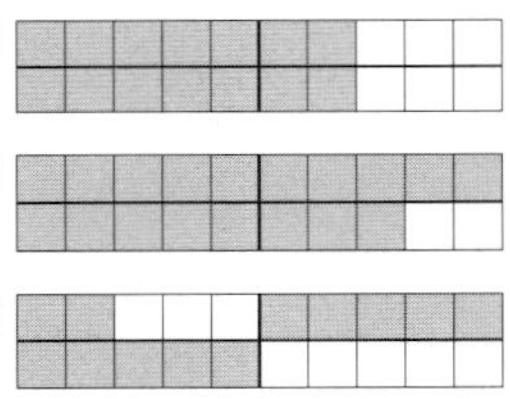

a 14

b 18

c 12

2 Male die Kästchen an.

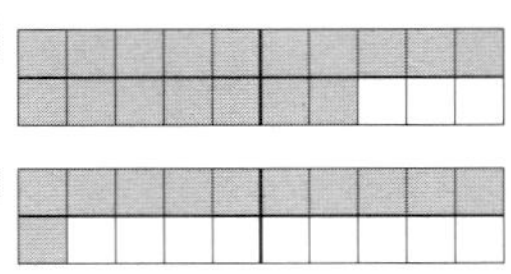

a 17

b 11

3 Trage die Zahlen ein.

a 10, 3, 18, 12, 17 und 5

		3		5					10
	12					17	18		

b 2, 20, 14, 9, 6 und 19

	2				6			9	
			14					19	20

13 Zahlzerlegung im Zahlenraum bis 10 (1)

Name: ______

1 Trage die Zahlen ein.

a

5 | 5 7 | 3

b

9 | 1 3 | 7

c

4 | 6 8 | 2

2 Schüttelboxen: Wie viele Kugeln sind verdeckt?

a

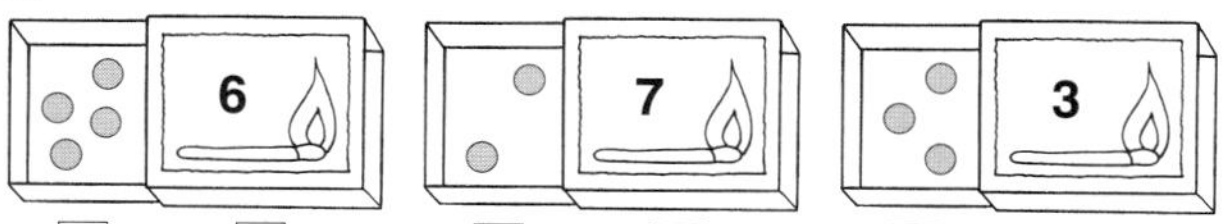

4 2 2 5 3 0

b

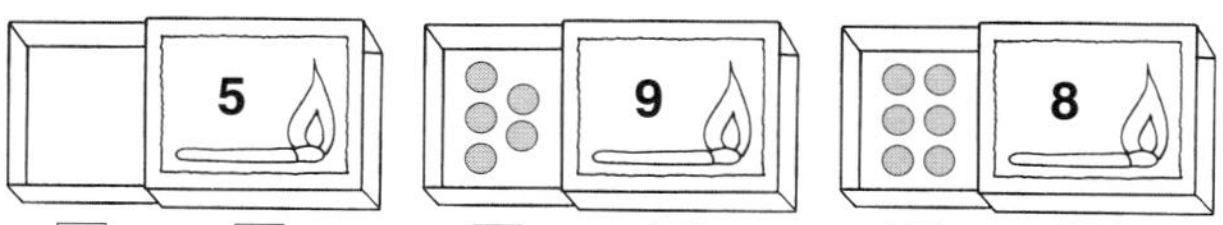

0 5 5 4 6 2

13 Zahlzerlegung im Zahlenraum bis 10 (2)

Name: ______

3 Zahlenhäuser: Zeichne die fehlenden Kreise.

a

5	
○○○	○○
○○○○	○
○○○○○	
○○○	○○

b

4	
○	○○○
	○○○○
○○○	○
○○	○○

c

6	
○	○○○○○
○○	○○○○
○○○	○○○
○○○○	○○

(Lösungsbeispiel)

4 Fülle die Tabellen aus.

a

10						
	5	10	9	2	4	8
	5	0	1	8	6	2

b

8						
	1	4	6	7	8	8
	7	4	2	1	0	0

c

9						
	6	4	1	8	2	3
	3	5	8	1	7	6

14 Addition im Zahlenraum bis 10 (1)

Name: ______

1 Finde die Aufgaben.

a

3 + 2 = 5

b

4 + 2 = 6

c

2 + 7 = 9

2 Rechne.

a	b	c
3 + 5 = 8	6 + 4 = 10	4 + 3 = 7
2 + 7 = 9	0 + 3 = 3	6 + 2 = 8
4 + 4 = 8	2 + 8 = 10	7 + 0 = 7
3 + 6 = 9	1 + 5 = 6	8 + 1 = 9

3 Ergänze.

a	b	c
3 + 5 = 8	1 + 2 = 3	4 + 6 = 10
5 + 4 = 9	4 + 5 = 9	0 + 6 = 6
6 + 1 = 7	5 + 2 = 7	7 + 0 = 7
2 + 2 = 4	8 + 1 = 9	1 + 8 = 9

14 Addition im Zahlenraum bis 10 (2)

Name: ______

4 Rechne.

a	b	c
3 + 6 = 9	9 = 1 + 8	0 + 10 = 10
6 = 2 + 4	8 + 2 = 10	7 = 3 + 4
5 + 4 = 9	3 + 3 = 6	10 = 3 + 7

5 Zahlenstrahl: Finde die Plusaufgabe.

a

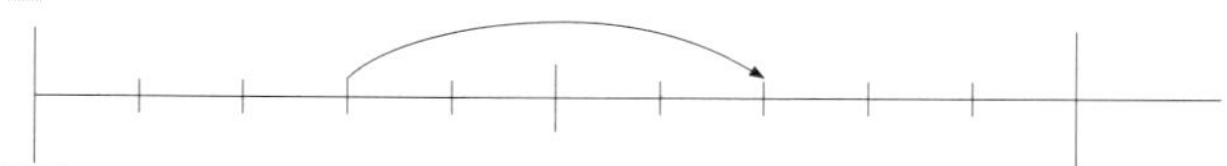

0 10

3 + 4 = 7

b

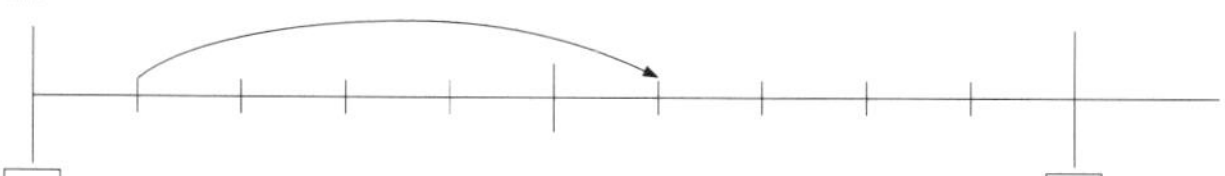

0 10

1 + 5 = 6

c

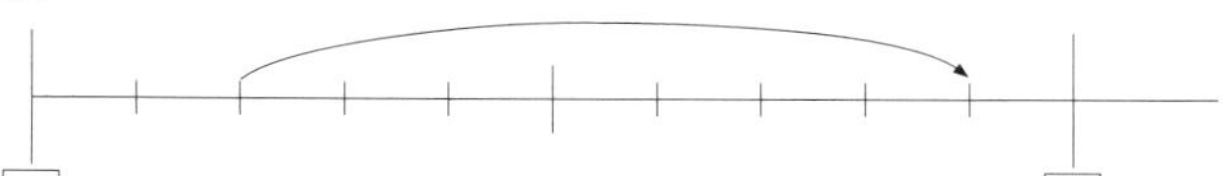

0 10

2 + 7 = 9

15 Subtraktion im Zahlenraum bis 10 (1)

Name: ___________

1 Finde die Aufgaben.

a

8 – 2 = 6

b

9 – 4 = 5

c

6 – 5 = 1

2 Rechne.

a
7 – 2 = 5
5 – 3 = 2
9 – 5 = 4
8 – 4 = 4

b
8 – 7 = 1
4 – 0 = 4
6 – 5 = 1
8 – 2 = 6

c
10 – 5 = 5
7 – 6 = 1
4 – 3 = 1
8 – 3 = 5

3 Rechne.

a
6 – 2 = 4
9 – 4 = 5
3 – 3 = 0
8 – 1 = 7

b
3 – 0 = 3
6 – 5 = 1
7 – 4 = 3
7 – 3 = 4

c
4 – 2 = 2
5 – 4 = 1
10 – 7 = 3
8 – 3 = 5

15 Subtraktion im Zahlenraum bis 10 (2)

Name: ___________

4 Rechne.

a
10 – 2 = 8
6 = 9 – 3
8 – 5 = 3

b
5 = 7 – 2
6 – 5 = 1
10 – 8 = 2

c
10 – 10 = 0
5 = 9 – 4
4 = 7 – 3

5 Zahlenstrahl: Finde die Minusaufgabe.

a

0 10
10 – 3 = 7

b
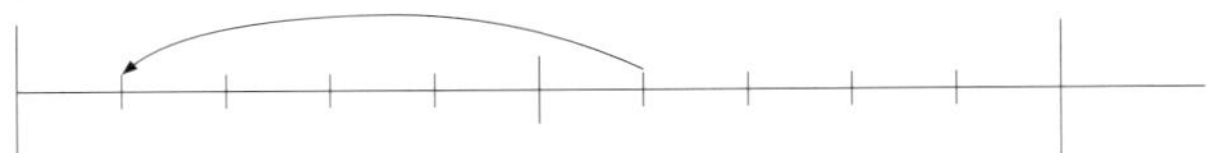
0 10
6 – 5 = 1

c
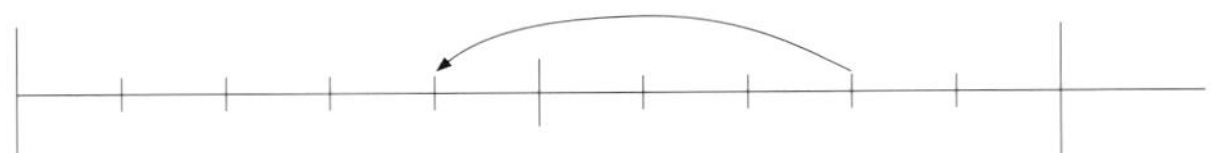
0 10
8 – 4 = 4

16 Addition im Zahlenraum bis 20 (1)

Name: ___________

1 Rechne.

a
7 + 8 = 15
3 + 12 = 15
5 + 7 = 12
4 + 16 = 20

b
13 + 4 = 17
9 + 5 = 14
7 + 11 = 18
12 + 4 = 16

c
4 + 5 + 6 = 15
2 + 5 + 8 = 15
3 + 7 + 4 = 14
5 + 6 + 5 = 16

2 Fülle die Rechentabellen aus.

a

+	15	10	12	9	13
3	18	13	15	12	16
4	19	14	16	13	17
5	20	15	17	14	18

b

+	6	9	5	2
8	14	17	13	10
11	17	20	16	13
7	13	16	12	9

3 Rechne.

a
12 + 6 = 18
8 + 5 = 13
16 + 4 = 20

b
13 + 6 = 19
6 + 6 = 12
8 + 7 = 15

c
4 + 6 + 7 = 17
1 + 3 + 8 = 12
12 + 0 + 6 = 18

16 Addition im Zahlenraum bis 20 (2)

Name: ___________

4 Finde die passende Plusaufgabe und rechne.

a
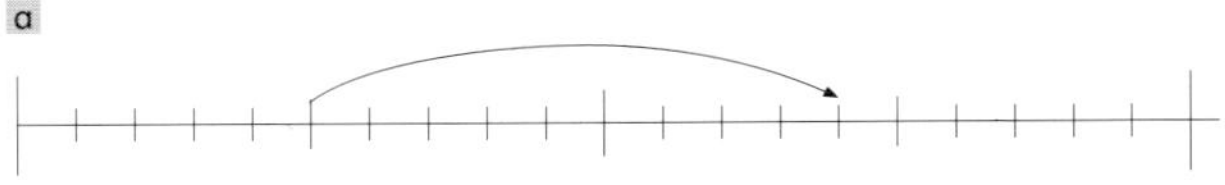
0 10 20
5 + 9 = 14

b
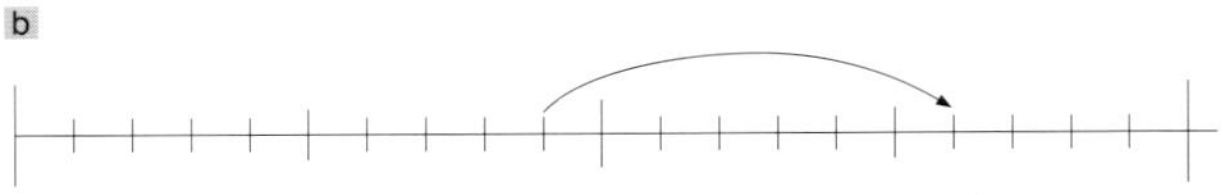
0 10 20
9 + 7 = 16

5 Zeichne den passenden Pfeil und rechne.

a
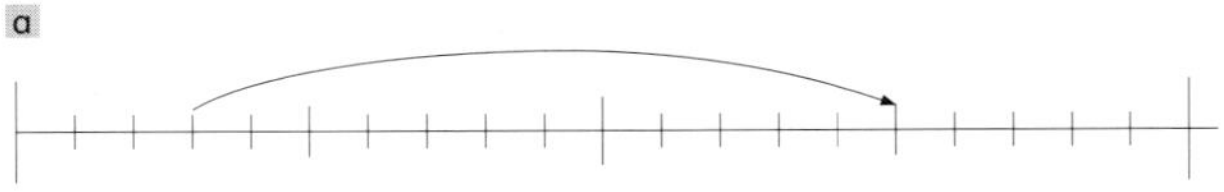
0 10 20
3 + 12 = 15

b
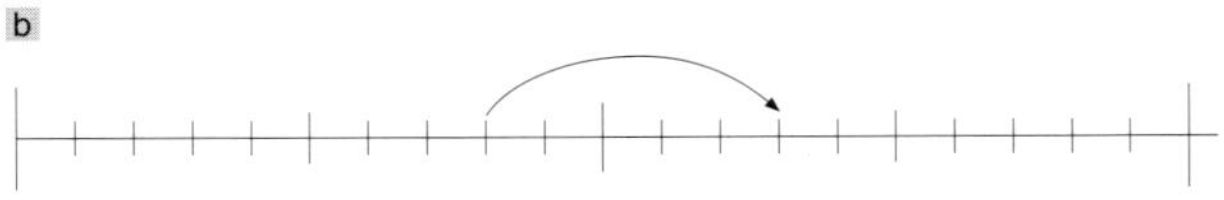
0 10 20
8 + 5 = 13

17 Subtraktion im Zahlenraum bis 20 (1)

Name: ____________

1 Rechne.

a		b		c
13 − 2 = 11		16 − 8 = 8		16 − 2 − 6 = 8
17 − 5 = 12		15 − 6 = 9		20 − 10 − 3 = 7
20 − 9 = 11		18 − 4 = 14		14 − 5 − 3 = 6
11 − 4 = 7		11 − 10 = 1		16 − 8 − 8 = 0

2 Fülle die Rechentabellen aus.

a

−	2	5	8	10	13
13	11	8	5	3	0
14	12	9	6	4	1
15	13	10	7	5	2

b

−	11	7	3	9
18	7	11	15	9
16	5	9	13	7
20	9	13	17	11

3 Rechne.

a	b	c
12 − 7 = 5	20 − 12 = 8	15 − 2 − 3 = 10
20 − 6 = 14	16 − 7 = 9	12 − 9 − 3 = 0
18 − 14 = 4	11 − 3 = 8	15 − 4 − 3 = 8

17 Subtraktion im Zahlenraum bis 20 (2)

Name: ____________

4 Finde die passende Minusaufgabe und rechne.

a

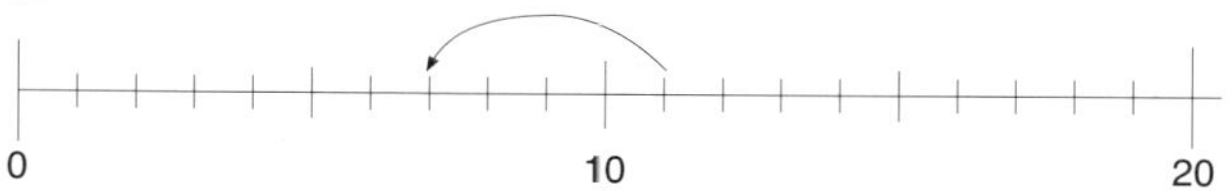

11 − 4 = 7

b

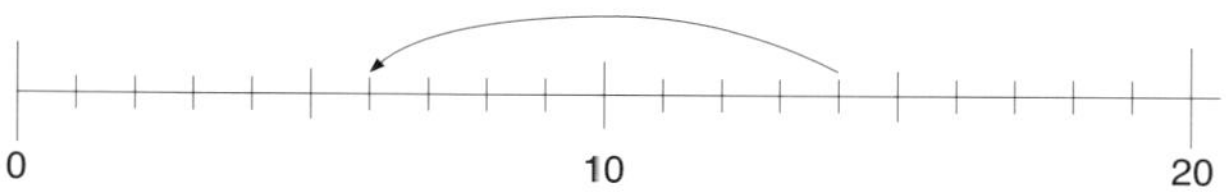

14 − 8 = 6

5 Zeichne den passenden Pfeil und rechne.

a

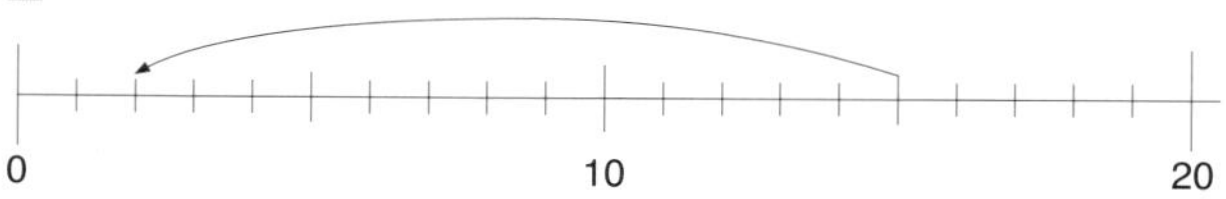

15 − 13 = 2

b

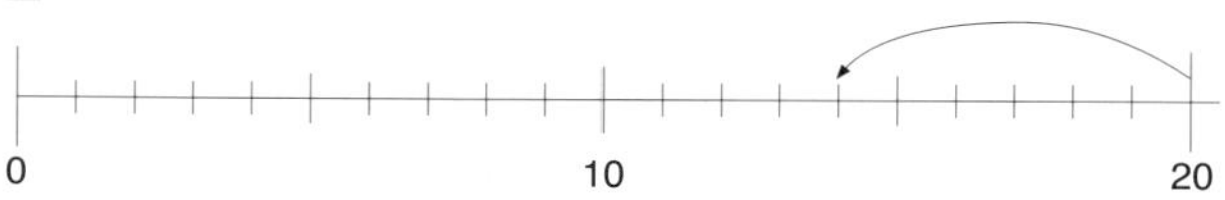

20 − 6 = 14

18 Münzen und Scheine

Name: ____________

1 Verbinde.

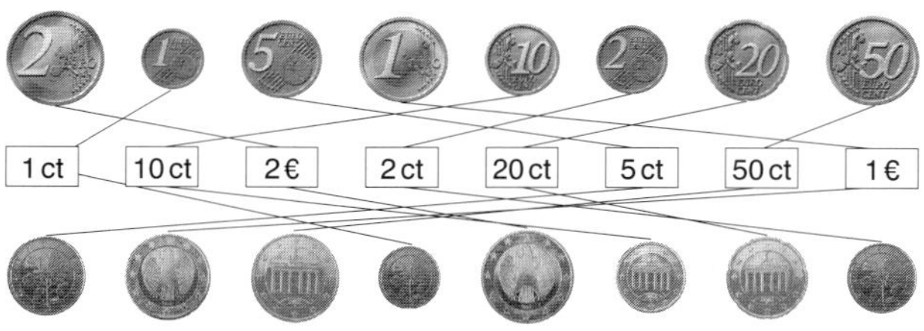

2 Sortiere. Beginne mit dem kleinsten Betrag.

1 ct, 2 ct, 5 ct, 10 ct, 20 ct, 50 ct, 1 €, 2 €

3 Verbinde.

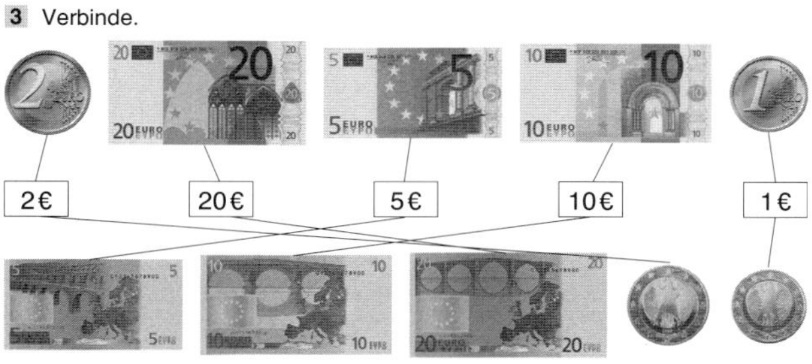

4 Sortiere. Beginne mit dem kleinsten Betrag.

1 €, 2 €, 5 €, 10 €, 20 €

19 Zerlegung von Geldbeträgen im Zahlenraum bis 20

Name: ____________

1 Wie viel Geld ist im Sparschwein?

a

20 ct

b

13 ct

c

15 €

d

18 €

2 Mit welchen Münzen oder Scheinen kannst du den Betrag legen? Trage die Zahlen ein.
(Lösungsbeispiel)

a	6 ct	2 2 2	6 ct	5 1
b	20 ct	5 5 5 5	20 ct	10 5 2 2 1
c	4 €	2 1 1	4 €	1 1 1 1
d	12 €	1 1 5 5	12 €	2 10

20 Tagesablauf

Name: ___________

1 Tims Tagesablauf: Verbinde.

12.00 Uhr	morgens
7.00 Uhr	vormittags
15.00 Uhr	mittags
10.00 Uhr	nachmittags
2.00 Uhr	abends
19.00 Uhr	nachts

2 Beantworte die Fragen.
(Lösungsmöglichkeiten)

a Wann stehst du morgens auf? um ___7___ Uhr

b Wann machst du deine Hausaufgaben? um ___14___ Uhr

c Wann hast du Zeit zum Faulenzen? um ___18___ Uhr

d Wann gehst du ins Bett? um ___20___ Uhr

21 Uhrzeiten (volle Stunden)

Name: ___________

1 Wie viel Uhr ist es? Schreibe auch die Tageszeit dazu.

a

5 Uhr morgens	9 Uhr morgens	1 Uhr nachts
17 Uhr nachmittags	21 Uhr abends	13 Uhr mittags

b

3 Uhr morgens	11 Uhr morgens	6 Uhr morgens
15 Uhr nachmittags	23 Uhr abends	18 Uhr abends

2 Zeichne die Zeiger ein und schreibe die Tageszeit dazu.

a

22 Uhr abends	2 Uhr nachts	16 Uhr nachmittags

b

12 Uhr mittags	19 Uhr abends	3 Uhr morgens

22 Anwendung von Addition und Subtraktion im Zahlenraum bis 20

Name: ___________

1 Jan hat 4 Murmeln, Max hat 8.

(Lösungsbeispiel)
Wie viele Murmeln haben Jan und Max zusammen?
4 + 8 = 12
Zusammen haben die Jungen 12 Murmeln.

2 In der Klasse 1a sind 20 Kinder, 11 davon sind Jungen.

(Lösungsbeispiel)
Wie viele Mädchen sind in der Klasse?
20 – 11 = 9
In der Klasse 1 a sind 9 Mädchen.

3 Lena, Anne und Mia haben 15 Bonbons geschenkt bekommen.
6 haben sie schon gegessen.

(Lösungsbeispiel)
Wie viele Bonbons haben die Mädchen noch?
15 – 6 = 9
Die Mädchen haben noch 9 Bonbons.

4 Luise geht mit ihrem Bruder ins Kino. Der Eintritt kostet 6 €.

(Lösungsbeispiel)
Wie viel müssen Luise und ihr Bruder bezahlen?
6 € + 6 € = 12 €
Luise und ihr Bruder müssen 12 € bezahlen.

5 Lisa, Tim und Jonas sammeln zusammen 18 Kastanien.

(Lösungsbeispiel)
Wie viele Kastanien bekommt jeder?
6 + 6 + 6 = 18
Jeder bekommt 6 Kastanien.

23 Kombinatorik

Name: ___________

1 Tobi baut einen Turm aus 3 Bauklötzen.

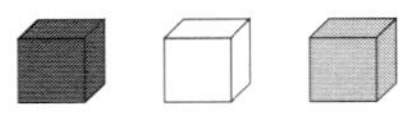

Zeichne alle verschiedenen Möglichkeiten auf.

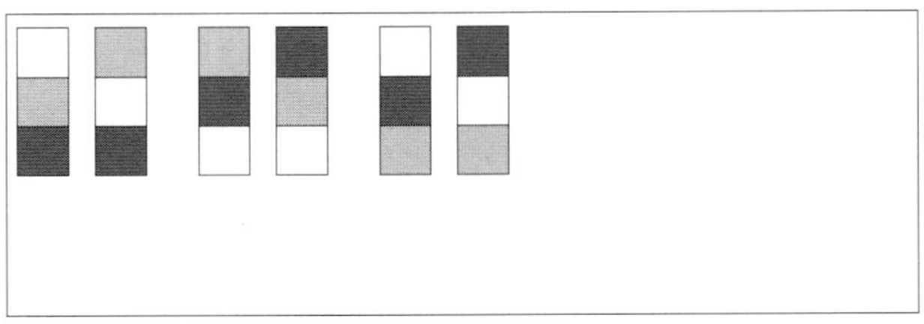

Er hat ___6___ Möglichkeiten, einen Turm zu bauen.

2 Susanne hat 2 Lieblingshosen und 4 Lieblingspullis.

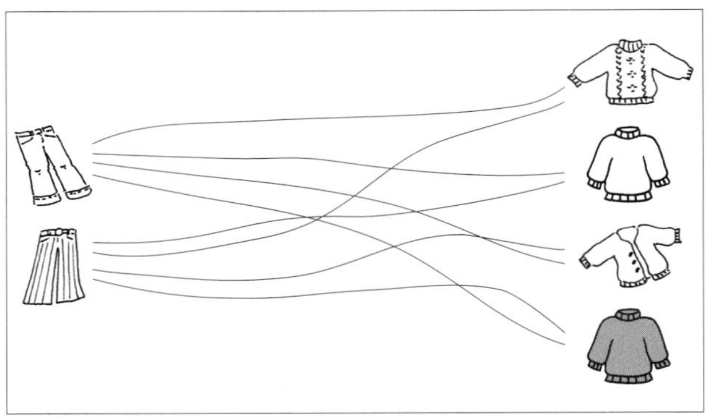

Sie hat ___8___ Möglichkeiten, sich anzuziehen.

24 Lagebeziehungen

Name: ____________

1 Zeigt der Pfeil nach links oder rechts? Kreuze an.

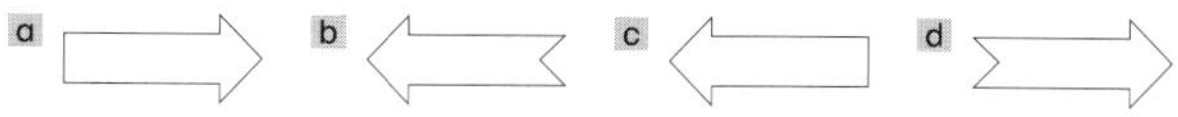

	a	b	c	d
rechts	[X]	[ ]	[ ]	[X]
links	[ ]	[X]	[X]	[ ]

2 Links oder rechts? Kreuze an.

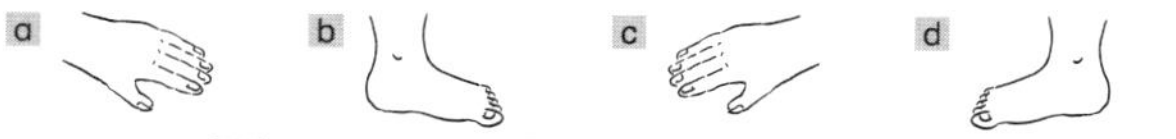

	a	b	c	d
rechts	[ ]	[ ]	[X]	[X]
links	[X]	[X]	[ ]	[ ]

3 Liegen die Sachen von den Kindern aus gesehen links oder rechts? Kreuze an.

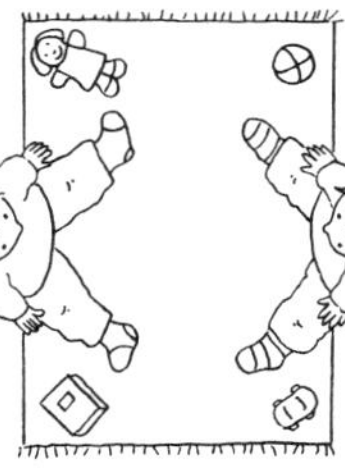

rechts [ ] links [X]	rechts [X] links [ ]	rechts [X] links [ ]
rechts [X] links [ ]	rechts [ ] links [X]	rechts [X] links [ ]

25 Muster

Name: ____________

1 Setze die Reihe fort.

2 Setze die Reihe fort.

3 Male weiter.

a

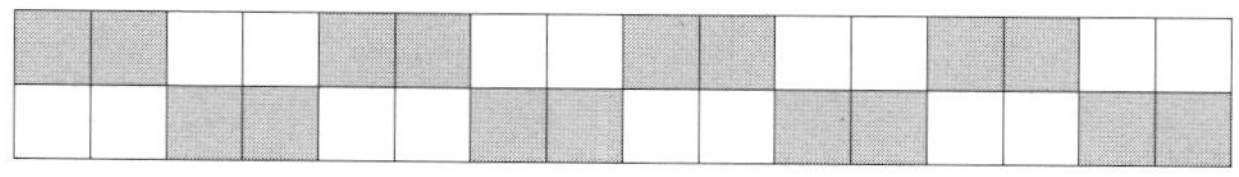

b

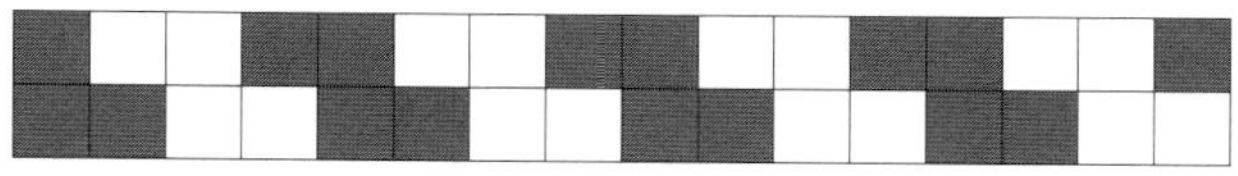

4 Male die Quadrate aus und bestimme die Anzahl.

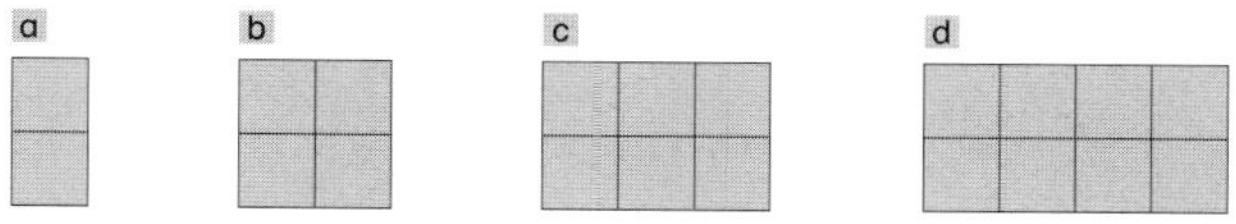

a 2 b 4 c 6 d 8

5 Wie geht es in den beiden Reihen weiter?

a 2 4 6 8 10 12 14 16 18 20

b 19 17 15 13 11 9 7 5 3 1

26 Mengenerfassung im Zahlenraum bis 100

Name: ____________

1 Schätze die Anzahl. (Individuelle Lösungen)

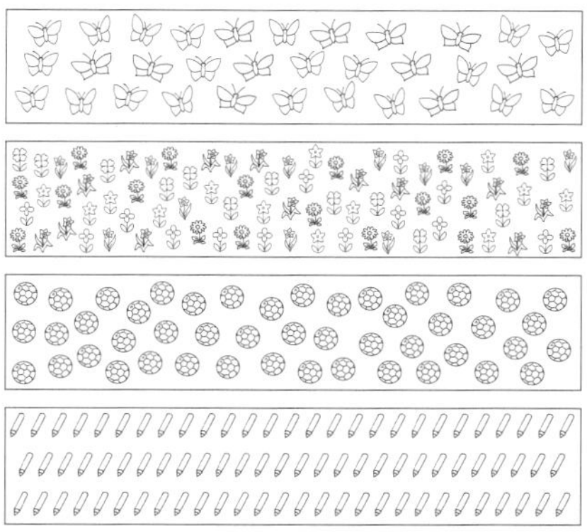

Meine Schätzung:

a ____________

b ____________

c ____________

d ____________

2 Kreise immer 10 ein und trage in die Tabelle ein.

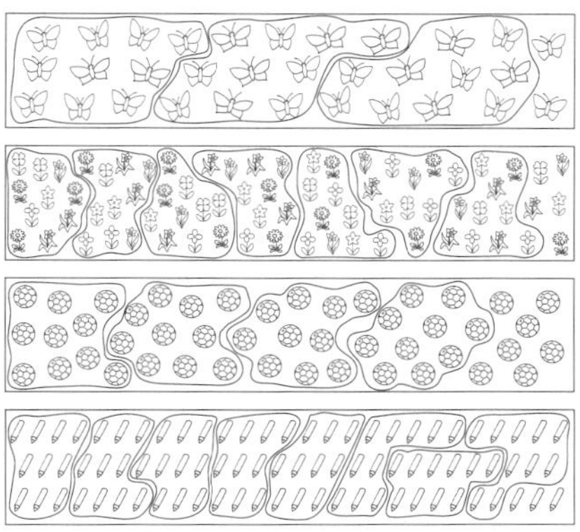

	Z	E
a	3	2
b	7	5
c	4	7
d	8	3

27 Zahlenstrahl im Zahlenraum bis 100

Name: ____________

1 Wo ist die Zahl ungefähr?

a

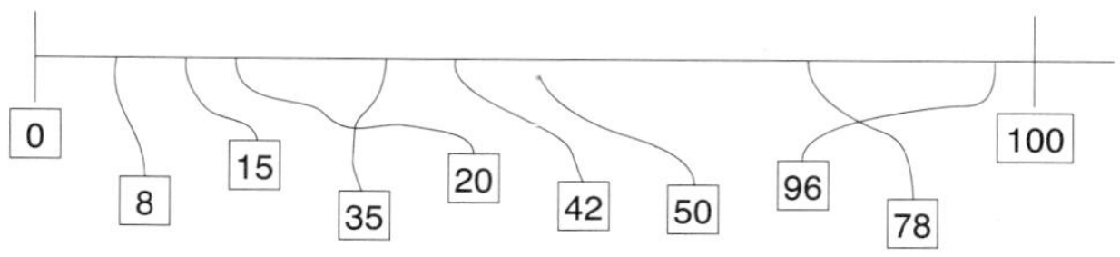

b

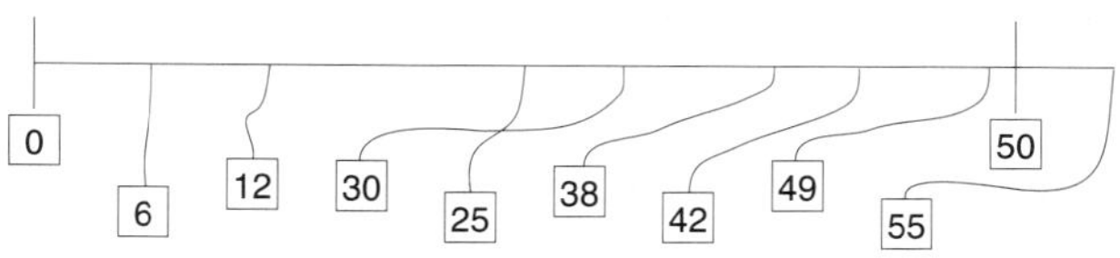

2 Wo ist die Zahl ungefähr?

a

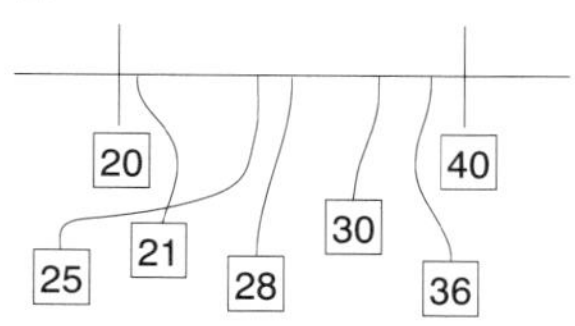

b

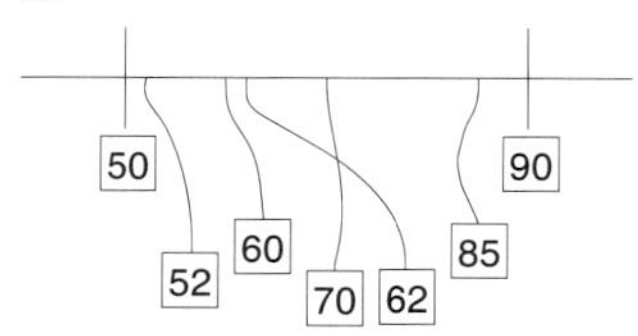

3 Welche Zahlen könnten es sein?

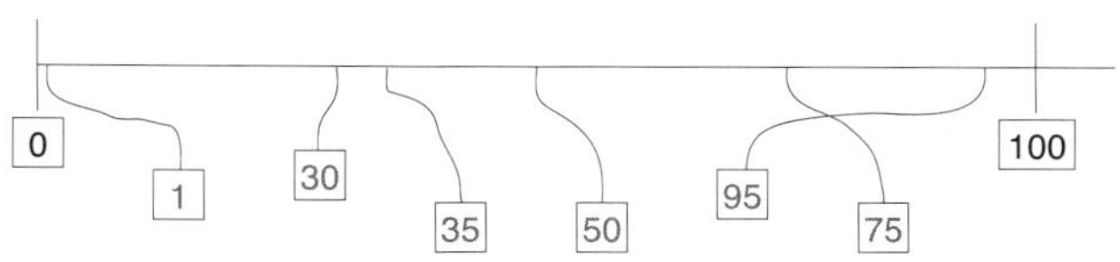

28 Hunderterfeld

Name: ____________

1 Trage die fehlenden Zahlen in das Hunderterfeld ein.

1	2	3	4	5	6	7	8	9	10
11	12	13	14	15	16	17	18	19	20
21	22	23	24	25	26	27	28	29	30
31	32	33	34	35	36	37	38	39	40
41	42	43	44	45	46	47	48	49	50
51	52	53	54	55	56	57	58	59	60
61	62	63	64	65	66	67	68	69	70
71	72	73	74	75	76	77	78	79	80
81	82	83	84	85	86	87	88	89	90
91	92	93	94	95	96	97	98	99	100

2 Trage den Vorgänger und den Nachfolger ein.

a
14 | 15 | 16
42 | 43 | 44

b
26 | 27 | 28
30 | 31 | 32

c
79 | 80 | 81
76 | 77 | 78

d
68 | 69 | 70
57 | 58 | 59

3 Hier siehst du Ausschnitte aus dem Hunderterfeld. Trage die fehlenden Zahlen ein.

a
38
45 | 46 | 47 | 48
58

b
2
12 | 13
22

c
78 | 79
87 | 88 | 89
98

d
2
12 | 13

e
17 | 18
27 | 28 | 29

f
39
48 | 49 | 50
59

g
13
21 | 22 | 23
31 | 33

29 Zahlzerlegung im Zahlenraum bis 100 (1)

Name: ____________

1 Wie viele schwarze und wie viele graue Punkte sind zu sehen?

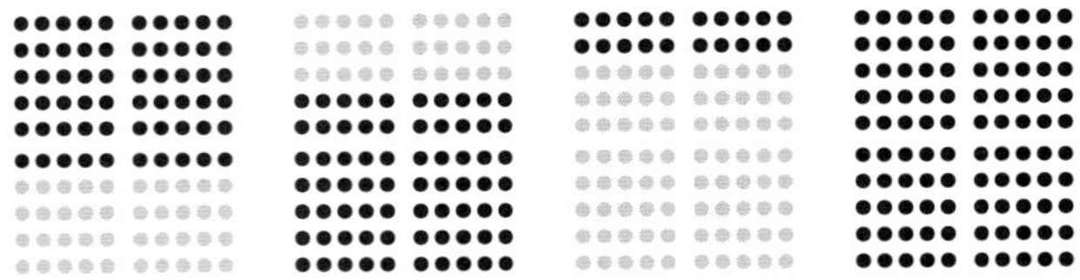

a schwarz: 60 grau: 40

b schwarz: 70 grau: 30

c schwarz: 20 grau: 80

d schwarz: 100 grau: 0

2 Finde die passenden Plusaufgaben.

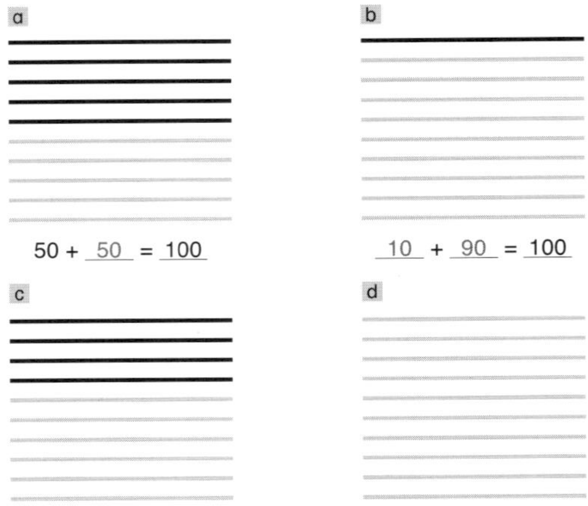

a 50 + 50 = 100

b 10 + 90 = 100

c 40 + 60 = 100

d 0 + 100 = 100

29 Zahlzerlegung im Zahlenraum bis 100 (2)

Name: ____________

3 Finde die passenden Plusaufgaben.

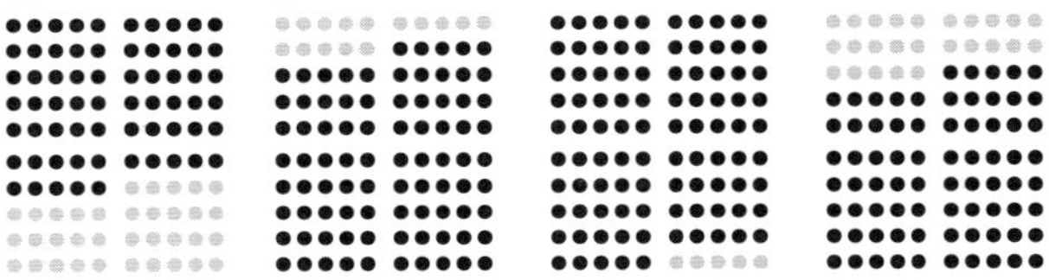

a 65 + 35 = 100

b 15 + 85 = 100

c 95 + 5 = 100

d 25 + 75 = 100

4 Ergänze.

a
20 + 80 = 100
50 + 50 = 100
40 + 60 = 100
20 + 80 = 100

b
40 + 60 = 100
10 + 90 = 100
30 + 70 = 100
80 + 20 = 100

c
85 + 15 = 100
55 + 45 = 100
55 + 45 = 100
65 + 35 = 100

d
15 + 85 = 100
25 + 75 = 100
25 + 75 = 100
95 + 5 = 100

5 Ergänze.

a
82 + 18 = 100
100 = 23 + 77

b
54 + 46 = 100
100 = 37 + 63

c
16 + 84 = 100
100 = 91 + 9

d
15 + 85 = 100
100 = 77 + 23

30 Addition im Zahlenraum bis 100

Name: ____________

1 Rechne.

a
20 + 30 = 50
0 + 100 = 100

b
90 + 10 = 100
50 + 50 = 100

c
40 + 40 = 80
60 + 40 = 100

d
60 + 20 = 80
30 + 70 = 100

e
70 + 9 = 79
32 + 5 = 37

f
80 + 8 = 88
12 + 7 = 19

g
20 + 4 = 24
96 + 3 = 99

h
30 + 0 = 30
51 + 8 = 59

2 Rechne.

a
40 + 11 = 51
45 + 6 = 51

b
60 + 15 = 75
82 + 9 = 91

c
20 + 13 = 33
36 + 8 = 44

d
70 + 12 = 82
12 + 9 = 21

e
25 + 30 = 55
70 + 12 = 82

f
40 + 12 = 52
36 + 50 = 86

g
62 + 20 = 82
17 + 70 = 87

h
54 + 40 = 94
47 + 30 = 77

3 Fülle die Rechentabellen aus.

a

+	30	35	45	15	28	39
20	50	55	65	35	48	59
35	65	70	80	50	63	74
47	77	82	92	62	75	86

b

+	19	24	36	41	48	55
16	35	40	52	57	64	71
23	42	47	59	64	71	78
38	57	62	74	79	86	93

4 Ergänze.

a 30 + 40 = 70

b 40 + 60 = 100

c 70 + 20 = 90

d 10 + 70 = 80

e 23 + 33 = 56

f 49 + 13 = 62

g 74 + 9 = 83

h 36 + 56 = 92

5 Zeichne am Zahlenstrahl und berechne.

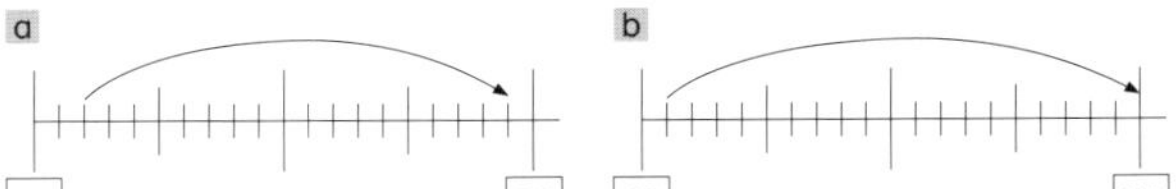

a 70 … 90: 72 + 17 = 89

b 40 … 60: 41 + 19 = 60

31 Subtraktion im Zahlenraum bis 100

Name: ______

1 Rechne.

a
50 – 20 = 30
100 – 30 = 70

b
80 – 60 = 20
50 – 30 = 20

c
90 – 40 = 50
70 – 50 = 20

d
30 – 20 = 10
40 – 40 = 0

e
30 – 4 = 26
76 – 5 = 71

f
20 – 3 = 17
49 – 8 = 41

g
80 – 5 = 75
61 – 1 = 60

h
50 – 8 = 42
94 – 2 = 92

2 Rechne.

a
40 – 11 = 29
45 – 6 = 39

b
60 – 15 = 45
82 – 9 = 73

c
20 – 13 = 7
36 – 8 = 28

d
70 – 12 = 58
12 – 9 = 3

e
35 – 20 = 15
99 – 40 = 59

f
57 – 40 = 17
45 – 20 = 25

g
83 – 80 = 3
72 – 40 = 32

h
23 – 10 = 13
61 – 50 = 11

3 Fülle die Rechentabellen aus.

a

–	30	35	45	15	28	39
80	50	45	35	65	52	41
65	35	30	20	50	37	26
48	18	13	3	33	20	9

b

–	19	24	36	41	48	55
56	37	32	20	15	8	1
64	45	40	28	23	16	9
79	60	55	43	38	31	24

4 Ergänze.

a
70 – 40 = 30

b
100 – 60 = 40

c
90 – 20 = 70

d
80 – 70 = 10

e
56 – 33 = 23

f
49 – 28 = 21

g
83 – 9 = 74

h
92 – 60 = 32

5 Zeichne am Zahlenstrahl und berechne.

a
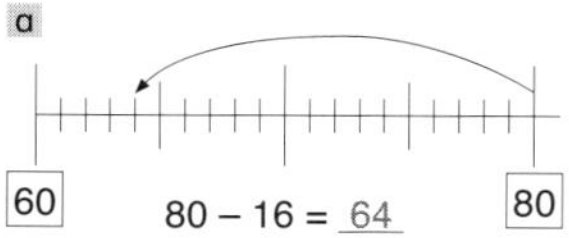

80 – 16 = 64

b
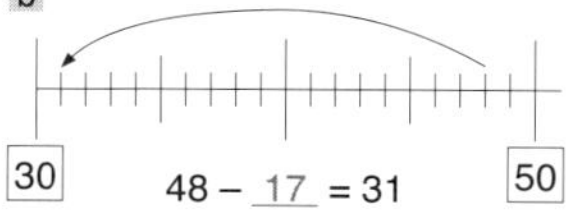

48 – 17 = 31

32 Multiplikatives Verständnis

Name: ______

1 Finde die passenden Aufgaben.

a

2 + 2 + 2 = 6
3 · 2 = 6

b

5 + 5 + 5 + 5 = 20
4 · 5 = 20

c

7 + 7 + 7 = 21
3 · 7 = 21

2 Male die Karten, die zusammengehören, in derselben Farbe an.

21 | 7 + 7 + 7 | 18 | 7 · 5 | 9 + 9 | 3 · 7 | 2 · 9 | 5 + 5 + 5 + 5 + 5 + 5 + 5 | 35

3 Welche Malaufgaben passen zu den Punktebildern?

a

2 · 4 = 8
4 · 2 = 8

b

4 · 3 = 12
3 · 4 = 12

c

3 · 5 = 15
5 · 3 = 15

4 Zeichne zu jeder Aufgabe ein passendes Bild und rechne.

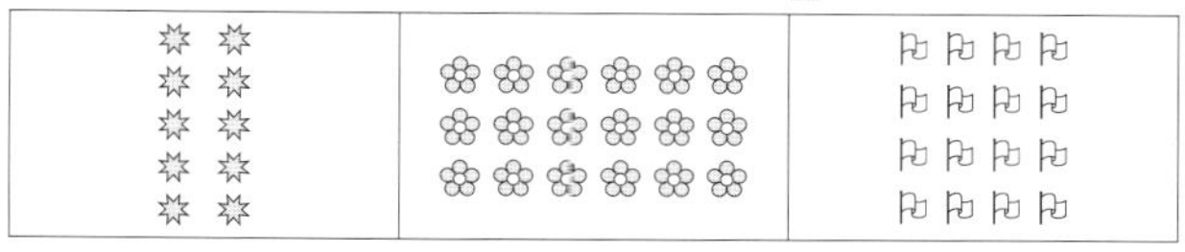

a
5 · 2 = 10

b
3 · 6 = 18

c
4 · 4 = 16

33 Aufgaben des kleinen Einmaleins

Name: ______

1 Rechne.

a
3 · 4 = 12
5 · 8 = 40
6 · 6 = 36
9 · 4 = 36
8 · 8 = 64

b
6 · 7 = 42
7 · 2 = 14
3 · 8 = 24
5 · 5 = 25
7 · 4 = 28

c
8 · 4 = 32
0 · 6 = 0
7 · 8 = 56
3 · 6 = 18
5 · 1 = 5

d
9 · 3 = 27
1 · 9 = 9
2 · 8 = 16
7 · 5 = 35
10 · 6 = 60

2 Schreibe die Ergebnisse der Reihen auf.

a 2er-Reihe: 0, 2, 4, 6, 8, 10, 12, 14, 16, 18, 20

b 6er-Reihe: 0, 6, 12, 18, 24, 30, 36, 42, 48, 54, 60

c 9er-Reihe: 0, 9, 18, 27, 36, 45, 54, 63, 72, 81, 90

3 Kreise ein: Zahlen der 4er-Reihe schwarz, der 5er-Reihe gelb und der 8er-Reihe grün.

12 81 35 17 5 40 32 50 8 25 16 27

4 Welche Zahlen sind es?

a Zahlen der 4er- und der 5er-Reihe: 0, 20, 40

b Zahlen der 3er- und der 6er-Reihe: 0, 6, 12, 18, 24, 30

c Zahlen der 2er- und der 7er-Reihe: 0, 14

34 Verständnis der Division

Name: ______

1 Kreise ein und finde die passenden Aufgaben.

a

9 : 3 = 3

b
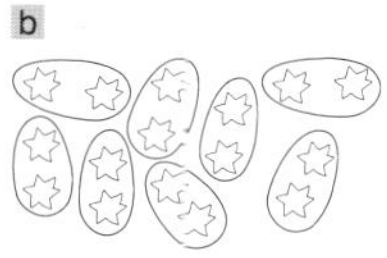
16 : 2 = 8

c
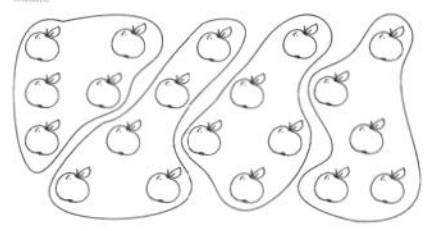
20 : 5 = 4

2 Zeichne Punkte, kreise ein und löse die Aufgaben.

a

16 : 4 = 4

b
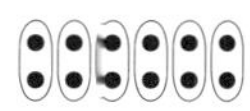
12 : 2 = 6

c
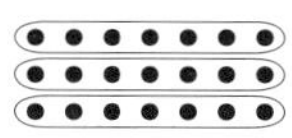
21 : 7 = 3

3 In der Klasse 2c sind 24 Kinder. Die Kinder werden in Gruppen aufgeteilt.

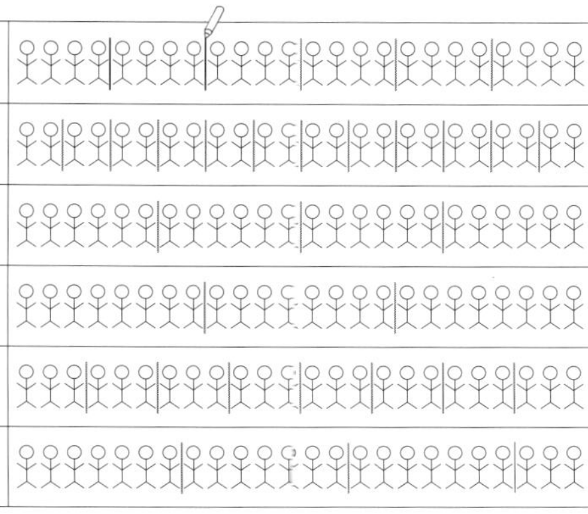

	Gruppen
a 24 : 4	6
b 24 : 2	12
c 24 : 6	4
d 24 : 8	3
e 24 : 3	8
f 24 : 7	3 und 3 Kinder bleiben übrig

35 Aufgaben des kleinen Einsdurcheins

Name: ____________

1 Rechne.

a	b	c	d
36 : 6 = 6	12 : 3 = 4	81 : 9 = 9	40 : 4 = 10
8 : 1 = 8	49 : 7 = 7	32 : 8 = 4	54 : 6 = 9
21 : 7 = 3	27 : 3 = 9	45 : 5 = 9	6 : 6 = 1
14 : 2 = 7	64 : 8 = 8	36 : 9 = 4	100 : 10 = 10

2 Finde passende Malaufgaben.

a (Lösungsbeispiel)	b	c
18 = 3 · 6	24 = 8 · 3	7 = 1 · 7
81 = 9 · 9	15 = 3 · 5	42 = 6 · 7
90 = 9 · 10	29 = keine Lösung!	28 = 4 · 7
0 = 0 · 1	56 = 7 · 8	54 = 9 · 6

3 Bilde immer 3 Aufgaben und rechne sie aus. Es darf kein Rest bleiben.

a
14, 30, 72 — : — 9, 7, 6

(Lösungsbeispiel)
14 : 7 = 2
30 : 6 = 5
72 : 9 = 8

b
25, 48, 12 — : — 8, 5, 6

25 : 5 = 5
48 : 8 = 6
12 : 6 = 2

4 Welche Zahlen zwischen 30 und 40 gehören zu keiner Reihe des kleinen Einmaleins?

31, 33, 34, 37, 38, 39

36 Aufgabenfamilien (Multiplikation/Division)

Name: ____________

1 Trage die Aufgabenfamilien ein.

a	b	c	d
18	60	45	42
9 / 2	6 / 10	9 / 5	6 / 7
9 · 2	6 · 10	9 · 5	6 · 7
2 · 9	10 · 6	5 · 9	7 · 6
18 : 9	60 : 10	45 : 5	42 : 6
18 : 2	60 : 6	45 : 9	42 : 7

2 In den Türmen sind die Aufgabenfamilien durcheinander geraten. Male die Aufgaben, die zu einer Familie gehören, in einer Farbe an.

3 · 7	6 · 4	10 : 5	32 : 4
8 · 4	7 · 3	32 : 8	21 : 7
24 : 4	5 · 2	4 · 6	4 · 8
10 : 2	21 : 3	24 : 6	2 · 5

3 Fülle die Tabellen aus.

a

·	4	7	5	9	1	6
4	16	28	20	36	4	24
6	24	42	30	54	6	36

b

·	5	10	8	0	2	7
2	10	20	16	0	4	14
7	35	70	56	0	14	49

4 Welche Familien haben nur zwei Aufgaben?

Alle Familien, die zu den Quadratzahlaufgaben gehören.

37 Zerlegung von Geldbeträgen im Zahlenraum bis 100 (1)

Name: ____________

1 Mit welchen Münzen kannst du den Betrag legen? Trage die Zahlen ein.

a		b	
20 ct	5, 5, 10	20 ct	5, 5, 5, 5
40 ct	10, 10, 10, 10	40 ct	20, 5, 5, 5, 5
50 ct	10, 20, 20	50 ct	10, 10, 20, 10
80 ct	50, 20, 10	80 ct	20, 10, 10, 20, 10, 10

(Es sind zum Teil auch andere Lösungen möglich.)

37 Zerlegung von Geldbeträgen im Zahlenraum bis 100 (2)

Name: ____________

2 Wie kannst du die Beträge legen? Finde verschiedene Möglichkeiten. Mache für jede Münze oder jeden Schein, den du brauchst, ein Kreuz.
(Als Lösung sind hier Beispiele angegeben.)

Betrag					
20 €				xx	
20 €					x
20 €	xxxxxxxxxx	xxxxx			
20 €	xxxxx	xxxxx	x		
25 €			x		x
25 €	xxx	x	xxxx		
30 €				x	x
30 €			xx	xx	
30 €		xxxxx	xx	x	
50 €				x	xx
50 €				xxxxxx	
80 €					xxxx
80 €				xxxx	xx
80 €	xxxxxxxxxx	xxxxx	xx	x	xx

3 Lege die beiden Beträge mit möglichst wenigen Scheinen und Münzen. Zeichne deine Lösungen auf.

a 86€

b 44€

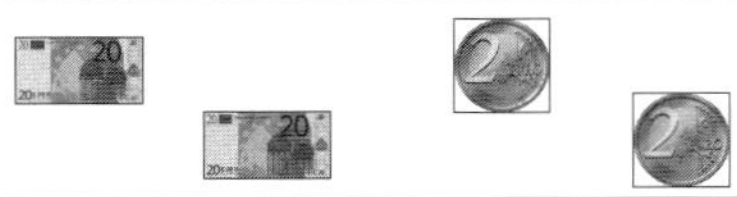

38 Rechnen mit Geld im Zahlenraum bis 20

Name: ______________

1 Rechne. Achte auf + und –.

a

15 € – 4 € + 1 € = 12 €

3 € + 8 € – 4 € = 7 €

13 € + 7 € – 5 € = 15 €

2 € + 14 € – 16 € = 0 €

b

20 € – 9 € = 11 €

8 € + 9 € = 17 €

17 € – 5 € = 12 €

7 € + 9 € = 16 €

2 Überlege dir die Rechnung und rechne aus.

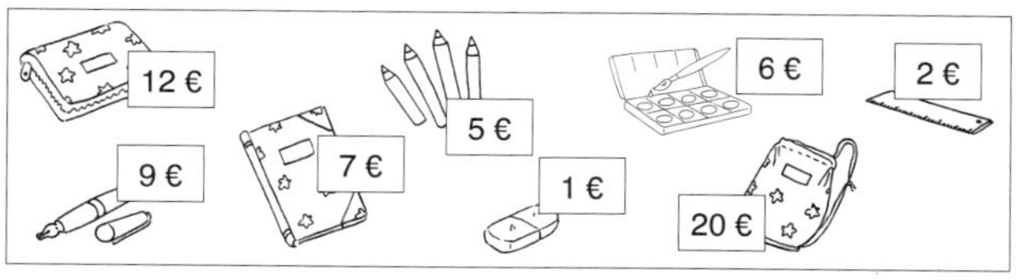

a Christian kauft ein Mäppchen und eine Sammelmappe.

Wie viel muss Christian bezahlen?

12 € + 7 € = 19 € Christian muss 19 € bezahlen.

b Susanne kauft Buntstifte und einen Füller. Sie bezahlt mit einem 20-Euro-Schein.

Wie viel Euro bekommt Susanne zurück?

9 € + 5 € = 14   20 € - 14 € = 6 € oder

20 € - 9 € - 5 € = 6 € Susanne bekommt 6 € zurück.

c Du hast 17 €. Für 2 € willst du ein Eis kaufen. Das restliche Geld gibst du für Schulsachen aus. Was könntest du kaufen?

Es gibt verschiedene Möglichkeiten: Mäppchen + Lineal + Radiergummi, Sammelmappe + Wasserfarbkasten + Lineal …

39 Rechnen mit Geld im Zahlenraum bis 100

Name: ______________

1 Rechne. Achte auf + und –.

a

20 € – 5 € + 17 € = 32 €

50 € + 18 € – 14 € = 54 €

24 € + 12 € – 15 € = 21 €

75 € + 20 € – 33 € = 62 €

b

60 € – 45 € = 15 €

38 € + 26 € = 64 €

55 € – 15 € = 40 €

49 € + 23 € = 72 €

2 Überlege dir die passende Rechnung und rechne aus.

Freibad Eintrittspreise		
	Kind	Erwachsener
Einzelpreis	4 €	5 €
Zehnerkarte	30 €	40 €
Jahreskarte	50 €	80 €

a Jonas feiert seinen Geburtstag und lädt 5 Freunde ins Freibad ein. Jonas' Eltern begleiten die Kinder.

Wie viel müssen sie bezahlen?

6 · 4 € = 24 €   2 · 5 € = 10 €   24 € + 10 € = 34 €

Sie müssen 34 € bezahlen.

b Simon geht oft ins Schwimmbad. Sein Vater kauft ihm eine Jahreskarte und für sich selbst eine Zehnerkarte.

Wie viel muss Simons Vater bezahlen?

50 € + 40 € = 90 €

Er muss 90 € bezahlen.

c Gabi geht in den Sommerferien zweimal pro Woche ins Freibad. Welche Karte würdest du an ihrer Stelle kaufen? Begründe!

6 · 2 Besuche = 12 Besuche

12 · 4 € = 48 € (mit Einzelkarten)

30 € + 2 · 4 € = 38 € mit Zehnerkarte und 2 Einzelkarten

50 € Jahreskarte

Auswahl entsprechend begründen.

40 Längen messen und zeichnen

Name: ______________

1 Miss die Längen der Gegenstände und notiere deine Ergebnisse.

a 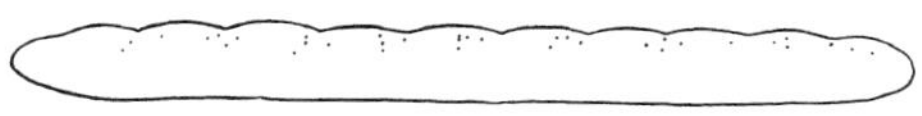 13 cm

b 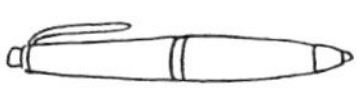 5 cm

c 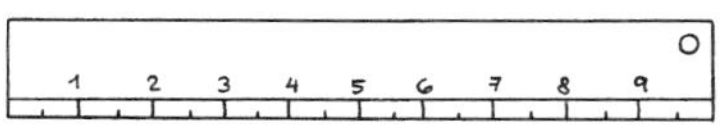

10 cm

d 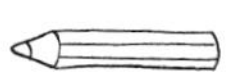 3 cm

e 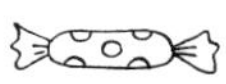 3 cm

2 Miss die Strecken.

a 5 cm

b 7 cm

c 12 cm

d 3 cm

e 8 cm

f 1 cm

Sortiere die Strecken nach ihrer Größe. Beginne mit der kürzesten.

f, d, a, b, e, c

3 Zeichne die Strecken.

a 10 cm **b** 5 cm **c** 14 cm **d** 2 cm **e** 7 cm **f** 3 cm

a

b

c

d

e

f

41 Rechnen mit Längen im Zahlenraum bis 100

Name: ______________

1 Rechne.

a

40 m + 23 m – 15 m = 48 cm

83 m – 55 m + 20 m = 48 m

27 cm + 28 cm – 15 cm = 40 cm

62 cm – 23 cm + 19 cm = 58 cm

b

70 m – 34 m = 36 m

12 m + 36 m = 48 m

56 cm + 24 cm = 80 cm

73 cm – 39 cm = 34 cm

2 Jan, Lisa, Jonas und Marie haben bei den Bundesjugendspielen Weitwurf gemacht. Ihre Ergebnisse tragen sie in eine Tabelle ein.

	1. Wurf	2. Wurf	3. Wurf
Jan	41 m	38 m	40 m
Jonas	12 m	17 m	20 m
Marie	16 m	18 m	15 m
Lisa	28 m	35 m	33 m

a Wie weit ist der weiteste und wie weit der kürzeste Wurf?

Der weiteste Wurf ist 41 m, der kürzeste 12 m.

b Wie groß ist der Unterschied zwischen dem weitesten und dem kürzesten Wurf?

Der Unterschied beträgt 29 m. (41 m – 12 m)

c Jonas und Marie überlegen, wer von ihnen weiter geworfen hat, wenn sie alle ihre Würfe zusammenrechnen.

Sie haben beide mit insgesamt 49 m gleich weit geworfen.

3

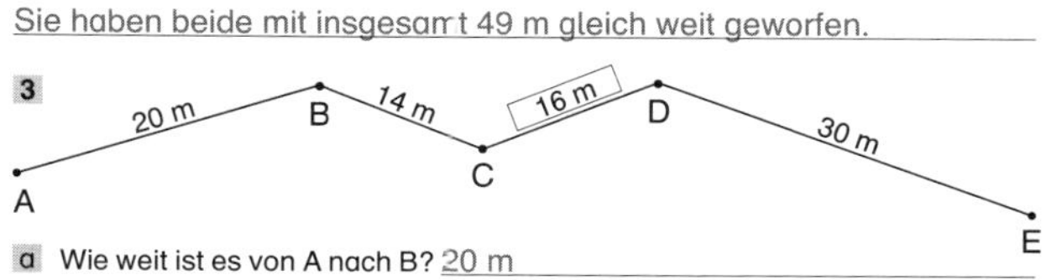

a Wie weit ist es von A nach B? 20 m

b Wie weit ist es von A nach C? 20 m + 14 m = 34 m

c Wie weit ist es von A nach D, wenn es von A nach E 80 m sind?

80 m – 30 m = 50 m

42 Uhrzeiten (halbe Stunden, viertel Stunden)

Name: ____________

1 Schreibe beide Uhrzeiten auf. Schreibe die Uhrzeit auch in Worten.

a 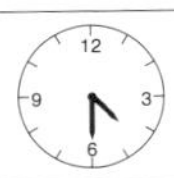	b 	c 
4.30 Uhr	8.15 Uhr	7.45 Uhr
16.30 Uhr	20.15 Uhr	19.45 Uhr
halb fünf	viertel nach acht	viertel vor acht

d 	e 	f 
10.15 Uhr	9.30 Uhr	5.15 Uhr
22.15 Uhr	21.30 Uhr	17.15 Uhr
viertel nach zehn	halb zehn	viertel nach fünf

2 Zeichne die Zeiger ein und schreibe die Uhrzeit in Worten dazu.

a 	b 	c 
5.45 Uhr	3.30 Uhr	12.15 Uhr
viertel vor sechs	halb vier	viertel nach zwölf

d 	e 	f 
1.15 Uhr	11.30 Uhr	6.45 Uhr
viertel nach eins	halb zwölf	viertel vor sieben

43 Berechnen von Zeitspannen und Bestimmen von Zeitpunkten (1)

Name: ____________

1 Wie viel Zeit ist vergangen? Schreibe auf die Pfeile.

a
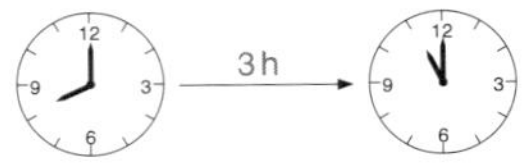

b
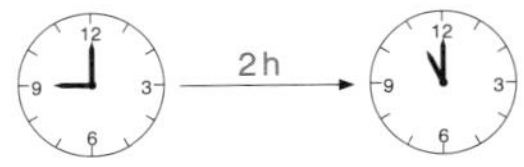

c
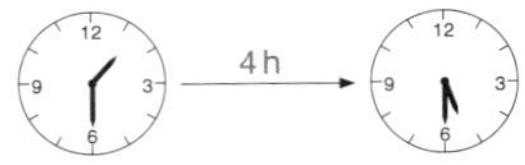

d
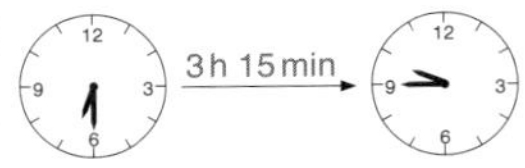

e

f
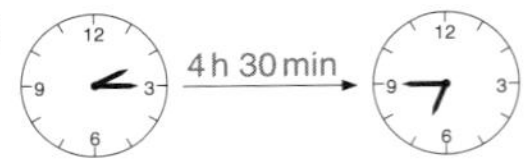

2 Zeichne die Uhrzeit ein und schreibe sie als Zahl daneben.

a  Es vergehen 4 Stunden. →  9 Uhr

b  Es vergehen 9 Stunden. →  13 Uhr

c  Es vergehen 3 Stunden und 30 Minuten. → 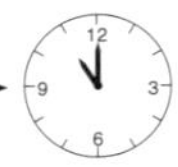 23 Uhr

d  Es vergehen 11 Stunden und 45 Minuten. →  3.30 Uhr

43 Berechnen von Zeitspannen und Bestimmen von Zeitpunkten (2)

Name: ____________

3 Tina fährt um 7.15 Uhr mit dem Bus zur Schule. Der Bus kommt um 7.40 Uhr an der Schule an. Um 8.00 Uhr beginnt Tinas Unterricht. Um 12.30 Uhr ist die Schule vorbei. Tinas Bus fährt um 12.40 Uhr vor der Schule ab. Um 13.15 Uhr ist Tina wieder zu Hause.

a Wie lange fährt Tina im Bus zur Schule?

Der Bus fährt 25 Minuten.

b Wie lange dauert Tinas Unterricht?

Tinas Unterricht dauert 4 Stunden und 30 Minuten.

c Eine Stunde und 30 Minuten, nachdem Tina nach Hause kommt, trifft sie sich mit ihrer Freundin.

Um 14.45 Uhr trifft Tina sich mit ihrer Freundin.

d Wie lange läuft Tina von der Bushaltestelle nach Hause?

Tina läuft 10 Minuten von der Bushaltestelle nach Hause.

44 Anwendung von Addition und Subtraktion im Zahlenraum bis 100

Name: ____________

1 Lena und Ali haben Kastanien gesammelt. Lena hat in ihrem Karton 38 Kastanien. Ali konnte 23 Kastanien finden.

(Lösungsbeispiel)

Frage: 1. Möglichkeit: Wie viele Kastanien haben sie zusammen?
2. Möglichkeit: Wie viele Kastanien mehr hat Lena?

1. 23 + 38 = 61

2. 38 − 23 = 15
23 + 15 = 38

Antwort: 1. Möglichkeit: Sie haben zusammen 61 Kastanien.
2. Möglichkeit: Lena hat 15 Kastanien mehr.

2 Auf einem Klassenfest sind 46 Personen. Vor der großen Aufführung müssen leider 2 Familien gehen. 39 Personen sind noch da.

(Lösungsbeispiel)

Frage: Wie viele Personen mussten früher gehen?

46 − 7 = 39

46 − 39 = 7

Antwort: 7 Personen mussten früher gehen.

3 Tim wünscht sich ein ferngesteuertes Auto. Das Auto kostet 98 €. Er hat schon 54 € gespart und bekommt zum Geburtstag insgesamt 25 €.

(Lösungsbeispiel)

Frage: Kann Tim das Auto jetzt kaufen?

54 € + 25 € = 79 €

79 € + 19 € = 98 €   98 € − 79 € = 19 €

Antwort: Tim muss noch 19 € sparen, erst dann hat er genug Geld, um sich das Auto zu kaufen.

45 Anwendung von Multiplikation und Division im Zahlenraum bis 100

Name: ______

1 8 Kinder wollen Tretboot fahren. Immer 4 Kinder passen in ein Boot.

Frage: Wie viele Tretboote werden gebraucht?

8 : 4 = 2

Antwort: Es werden 2 Tretboote gebraucht.

2 Beim gemeinsamen Klassenfrühstück sollen 50 Brötchen gerecht auf die 5 Gruppentische aufgeteilt werden.

Frage: Wie viele Brötchen bekommt jeder Gruppentisch?

50 : 5 = 10

Antwort: Jeder Gruppentisch bekommt 10 Brötchen.

3 Moritz hat ein Spielbrett mit weißen und schwarzen Feldern gemalt. Hier siehst du nur ein Stück des Spielbretts:

Frage: Wie viele Flächen hat er insgesamt weiß angemalt?
Wie viele Flächen musste er schwarz anmalen?

6 · 6 = 36 oder 3 · 6 = 18

36 : 2 = 18

Antwort: Moritz hat 18 Flächen weiß und genauso viele schwarz angemalt.

46 Anwendung der vier Grundrechenarten im Zahlenraum bis 100

Name: ______

1 In der Klasse 2b gibt es 5 Tischgruppen. An jeder Tischgruppe sitzen 4 Kinder. 2 Kinder sind heute krank.

Frage: Wie viele Kinder sind heute in der Klasse 2b?

5 · 4 = 20

20 − 2 = 18

Antwort: Heute sind 18 Kinder in der Klasse 2b.

2 Florian kauft beim Bäcker jeden Morgen 7 Brötchen. Ein Brötchen kostet 0,25 €.

Frage: Wie viele Brötchen kauft Florian in einer Woche?

7 · 7 = 49

Antwort: In einer Woche kauft er 49 Brötchen.

Frage: Wie viel bezahlt Florian jeden Tag für die Brötchen?

25 ct + 25 ct + 25 ct + 25 ct = 100 ct
25 ct + 25 ct + 25 ct = 75 ct

100 ct + 75 ct = 175 ct

Antwort: Er bezahlt jeden Tag 1,75 €.

3 Laura ist 20 Jahre jünger als ihr Onkel. Ihr Onkel ist 30 Jahre alt. Lauras Oma ist doppelt so alt wie Lauras Onkel.

10 Jahre 30 Jahre 60 Jahre

47 Tabellen und Schaubilder (1)

Name: ______

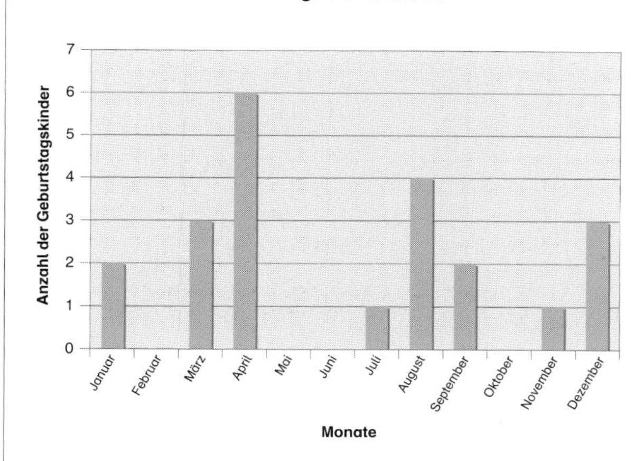

1 Beantworte die Fragen.

a In welchem Monat haben die meisten Kinder der 2f Geburtstag?
Im April haben die meisten Kinder der 2f Geburtstag.

b In welchen Monaten hat kein Kind der 2f Geburtstag?
Im Februar, Mai, Juni und Oktober hat kein Kind der 2f Geburtstag.

c Wie viele Kinder der 2f haben im August Geburtstag? 4

d Wie viele der Kinder haben im Dezember Geburtstag? 3

e Wie viele Kinder besuchen die Klasse 2f?
2 + 3 + 6 + 1 + 4 + 2 + 1 + 3 = 22

47 Tabellen und Schaubilder (2)

Name: ______

2 Denke dir zu dem Säulendiagramm aus Aufgabe 1 selbst zwei Fragen aus.

(Lösungsbeispiele)

a Wie viele Kinder der 2f haben im Januar Geburtstag?

b In welchen Monaten haben gleich viele Kinder der 2f Geburtstag?

3 Trage die Daten in das Säulendiagramm unten ein.

Haustier	Anzahl der Kinder
Hund	4
Pferd	2
Katze	3
Hase	5
Hamster	1
kein Haustier	7

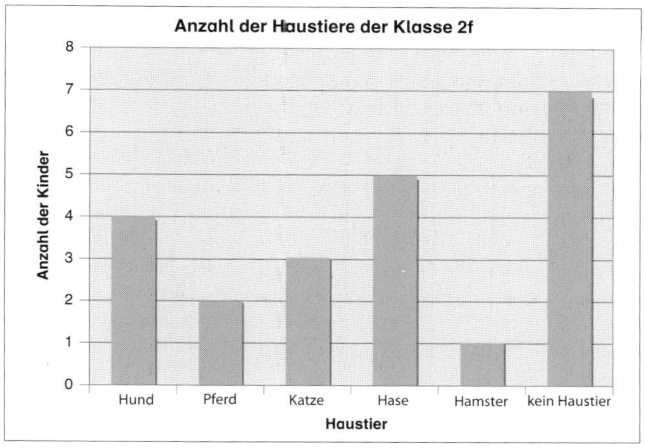

48 Kombinatorik

Name: ____________

1 An Tims Geburtstag gibt es Pizza. Es stehen vier Beläge zur Auswahl: Salami, Schinken, Pilze und Paprika. Jedes Kind darf sich zwei Beläge aussuchen. Welche Möglichkeiten haben die Kinder? Schreibe alle auf.

Salami und Schinken
Salami und Pilze
Salami und Paprika

Schinken und Pilze
Schinken und Paprika

Pilze und Paprika

Es gibt sechs verschiedene Möglichkeiten, die Pizza zu belegen.

2 Auf dem Schulhof steht eine Tischtennisplatte. Sechs Kinder beschließen am Nachmittag, ein Turnier zu spielen. Jeder soll gegen jeden spielen. Wie viele Spiele wird es geben? Schreibe die Spielpaarungen auf. Dazu kannst du den Kindern Namen geben, z.B. Tom, Tina ...

Kind 1 – Kind 2
Kind 1 – Kind 3
Kind 1 – Kind 4
Kind 1 – Kind 5
Kind 1 – Kind 6

Kind 2 – Kind 3
Kind 2 – Kind 4
Kind 2 – Kind 5
Kind 2 – Kind 6

Kind 3 – Kind 4
Kind 3 – Kind 5
Kind 3 – Kind 6

Kind 4 – Kind 5
Kind 4 – Kind 6

Kind 5 – Kind 6

Es wird 15 Spiele geben.

49 Symmetrie

Name: ____________

1 Zeichne die Spiegelachsen ein.

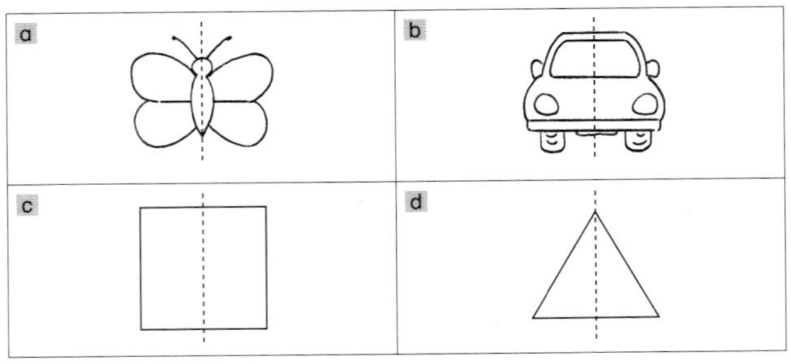

2 Verbinde die zusammengehörigen Hälften.

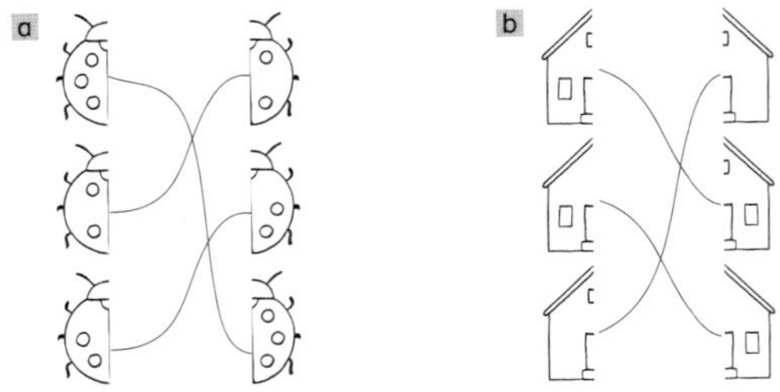

3 Ergänze die Figur.

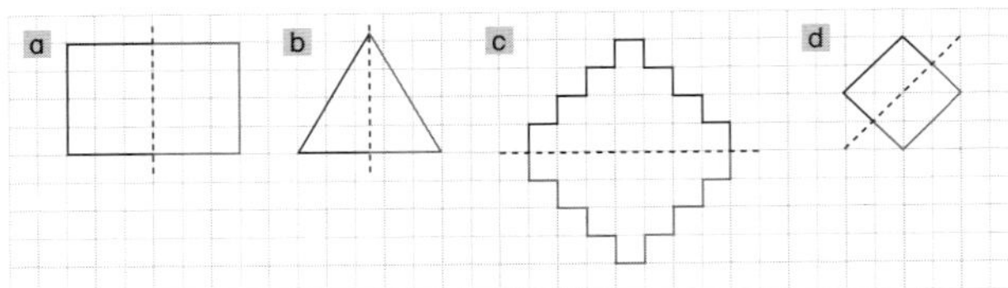

50 Flächen

Name: ____________

1 Male alle Dreiecke rot an, alle Quadrate gelb, alle Rechtecke blau und alle Kreise grün.

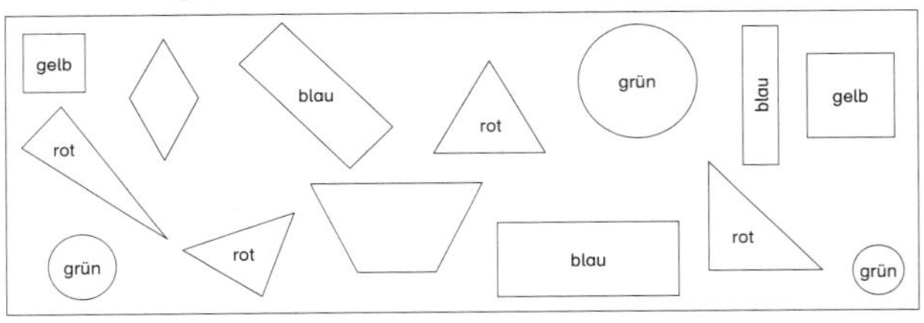

2 Teile das Quadrat in:

a 2 Rechtecke
b 2 Dreiecke
c 4 Dreiecke

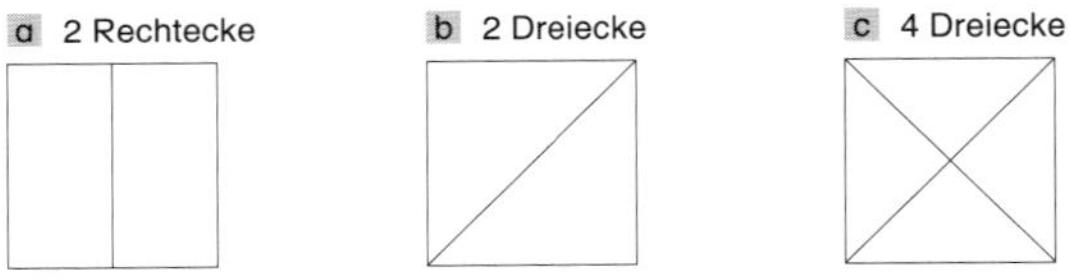

d 4 Quadrate
e 1 Rechteck und 2 Quadrate
f 3 Quadrate und 2 Dreiecke

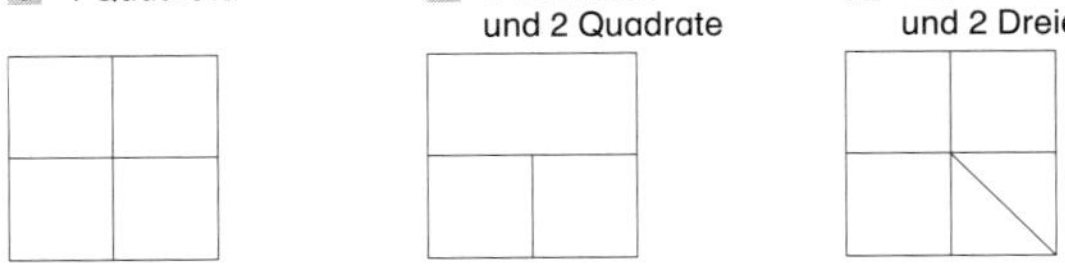

3 Ordne die Figuren nach der Größe ihrer Fläche. Beginne mit der kleinsten Fläche.

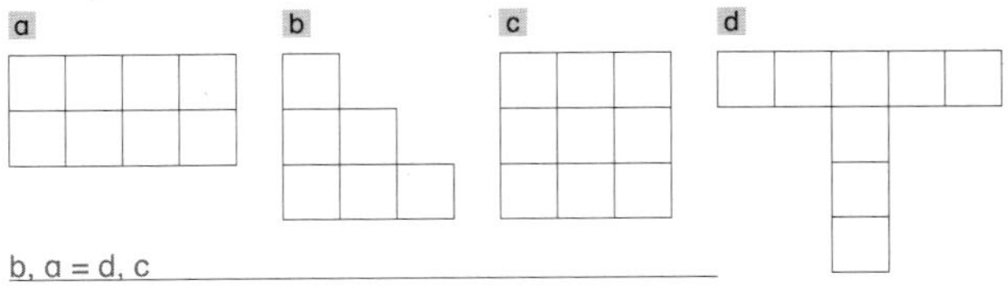

b, a = d, c

51 Körper

Name: ____________

1 Male alle Quader blau an, alle Würfel rot, alle Kugeln gelb und alle Pyramiden grün.

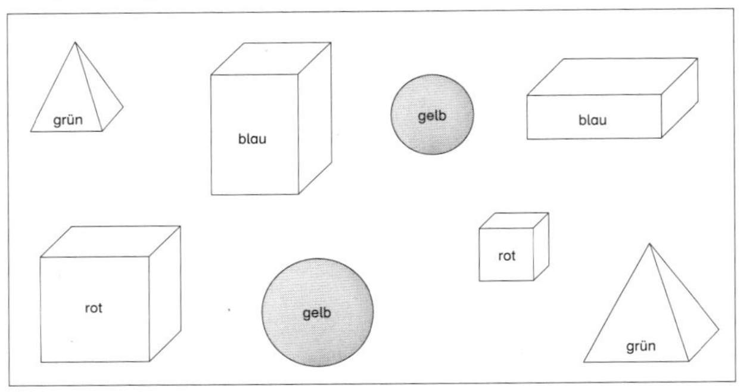

2 Fülle die Tabelle aus.

	Würfel	Quader	Kugel	Pyramide	Kegel	Zylinder
Ecken	8	8	0	5	1	0
Kanten	12	12	0	8	1	2
Flächen	6	6	1	5	2	3

3 Um welchen Körper handelt es sich?

a Meine Flächen sind gleich große Quadrate. Würfel
b Ich habe auch einen Kreis als Fläche. Kegel
c Ich habe 6 Flächen, die aber nicht alle gleich sind. Quader
d Ich habe auch Dreiecke als Flächen. Pyramide
e Ich habe nur 2 Kanten. Zylinder
f Ich habe weder Ecken noch Kanten. Kugel